中等职业技术学校教学用书

陶瓷企业电气设备的使用与维护

主　编　邓庆勇　陈　军

副主编　黄鹏光

主　审　李武光

U0342078

北　京

冶　金　工　业　出　版　社

2020

内 容 简 介

本书主要介绍了 THJDQG-2 型光机电气一体化控制实训设备，其内容包括：模块 1 讲解了陶瓷企业电气设备使用与维护；模块 2 讲解了陶瓷企业简单电气设备的安装与维护；模块 3 讲解了陶瓷企业复杂电气设备的安装与维护；模块 4 讲解了升降机设备的维护及保养。

本书为中等职业学校机电、电气专业教材，也可作为机电、电气、机械岗位培训教材。

图书在版编目 (CIP) 数据

陶瓷企业电气设备的使用与维护／邓庆勇，陈军主编. —
北京：冶金工业出版社，2020.5
中等职业技术学校教学用书
ISBN 978-7-5024-8462-0

Ⅰ. ①陶… Ⅱ. ①邓… ②陈… Ⅲ. ①陶瓷企业—电气
设备—使用—中等专业学校—教材 ②陶瓷企业—电气
设备—维修—中等专业学校—教材 Ⅳ. ①TQ174

中国版本图书馆 CIP 数据核字 (2020) 第 071512 号

出 版 人 陈玉千
地　　址　北京市东城区嵩祝院北巷 39 号　邮编　100009　电话　(010)64027926
网　　址　www.cnmip.com.cn　电子信箱　yjcbs@cnmip.com.cn
责任编辑　俞跃春　杜婷婷　美术编辑　郑小利　版式设计　禹　蕊
责任校对　郭惠兰　责任印制　禹　蕊
ISBN 978-7-5024-8462-0
冶金工业出版社出版发行；各地新华书店经销；北京印刷一厂印刷
2020 年 5 月第 1 版，2020 年 5 月第 1 次印刷
787mm×1092mm　1/16；12.25 印张；295 千字；188 页
43.00 元
冶金工业出版社　投稿电话　(010)64027932　投稿信箱　tougao@cnmip.com.cn
冶金工业出版社营销中心　电话　(010)64044283　传真　(010)64027893
冶金工业出版社天猫旗舰店　yjgycbs.tmall.com
(本书如有印装质量问题，本社营销中心负责退换)

前　言

本书是根据教育部于 2014 年公布的《中等职业学校机电专业教学标准》，以及参考维修电工职业资格标准编写的。

本书重点强调培养学生的知识与技能、学习态度与团队意识、工作与职业操作的能力，编写过程中力求体现以下特色：

（1）执行新标准。依据最新教学标准和课程大纲要求进行编写，对接职业标准和岗位需求进行实训。

（2）体现新模式。采用理实一体化的编写模式，突出"做中教，做中学"的职业教育特色。

（3）任务引领。以项目（模块）为载体，任务引领，反映了当前课程改革的新模式。没有任务的项目是盲目的，没有项目和任务的学习缺乏载体。

（4）递进式的课程结构模式。即工作任务按照难易程度由低到高排列，反映岗位的内容。

本书由藤县职教中心邓庆勇和陈军担任主编并编写了模块 1、模块 2、模块 4，黄鹏光担任副主编并编写了模块 2、模块 3。参加编写的还有莫杰林、李锦霞、余振海、庞铭、李金荣、陈盛华。全书由邓庆勇统稿，李武光担任主审。广西工业职业技术学院杨铨、梁倍源和李可成对本书内容及体系提出了很多宝贵的建议，在此对他们表示衷心的感谢。

本书在编写过程中，参考了相关文献和资料，在此对相关作者表示衷心的感谢！

由于编者水平所限，书中不妥之处，恳请广大读者批评指正。

编　者

2019 年 12 月

目　录

模块 1　陶瓷企业电气设备使用与维护

任务 1.1　认识陶瓷企业的混色系统

项目教学目标

知识目标：

（1）了解陶瓷企业的生产过程。

（2）了解陶瓷生产线的自动化程序。

技能目标：

（1）能说出陶瓷企业生产粉料的过程。

（2）能说出粉料自动混色系统的工作过程。

素质目标：

动手能力，学习能力，表达能力，团队合作能力。

知识目标

1.1.1　任务描述

随着电气控制技术的快速发展，陶瓷企业的自动化程度也随着提高，大部分企业都是人协助自动化生产线进行生产。理解自动化生产线设备的结构和工作过程，有助于开展设备的维护维修及升级改造工作，在这一学习任务中，通过学习粉料混色系统的结构和工作过程，培养分析自动化生产线设备的结构和工作过程的能力。

图 1-1 所示是粉料混色系统，其包括人机界面、中央控制器、原料进料机构、传送机构、称重模块、色料进给机构、搅拌机构。

图 1-1　粉料混色系统

1.1.2　知识链接

1.1.2.1　粉料混色系统的作用

陶瓷生产企业粉料制备过程，如图 1-2 所示。

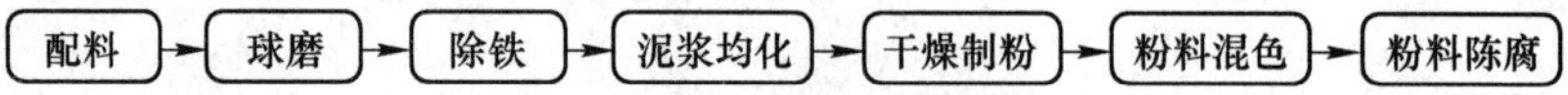

配料 → 球磨 → 除铁 → 泥浆均化 → 干燥制粉 → 粉料混色 → 粉料陈腐

图 1-2　粉料制备过程

为了生产出精美的陶瓷制品，陶瓷生产企业通常在粉料混色、打印花纹图案、釉料着色这三个环节控制陶瓷制品的颜色各图案。粉料混色是将色料和粉料混合，使烧后坯体呈现一定的颜色。

1.1.2.2　粉料混色系统的构成

粉料混色系统的结构及其控制信号流示意图如图 1-3 所示。

人机界面

PLC控制器

原料进料阀　　传送带　　称重模块　　色料进给机构　　搅拌机

图 1-3　粉料混色系统结构示意图

A　人机界面

在该系统中，人机界面采用一块彩色触摸屏，主要有两项功能：功能一是以百分比的形式输入每一种色料的配方参数给中央控制器；功能二是查看历史数据，便于生产管理调取数据。如图 1-4 所示是一幅正在生产中的触摸屏画面。

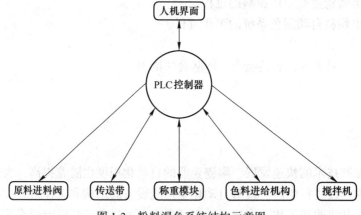

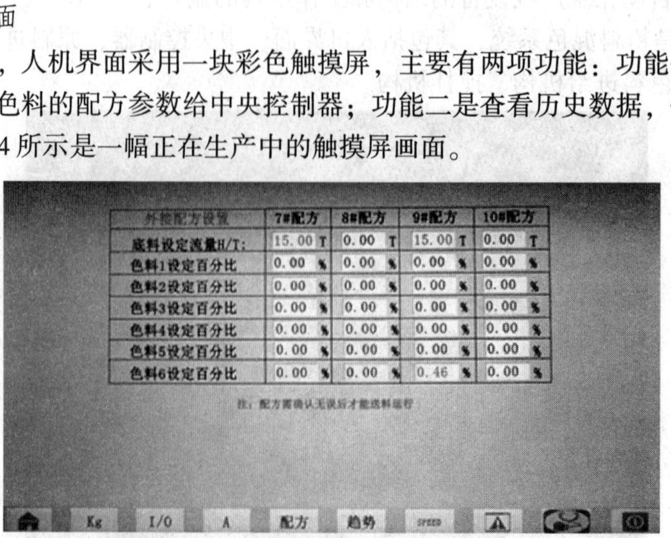

图 1-4　粉料混色系统触摸屏画面

B PLC 控制器

在陶瓷企业混色系统中，采用 PLC 作为 PLC 控制器比较常见。其作用是接收人机界面设定的数据，结合实时读取到的传送带的速度信号和称重模块的重量信号，按照生产工艺要求协调地控制原料进料阀、传送带、色料进给机构和搅拌机的运行，使粉料的颜色相对稳定。其控制柜如图 1-5 所示。

图 1-5 粉料混色系统控制柜

C 原料进料阀

原料进料阀采用气动控制，如图 1-6 所示，其作用是打开或关闭来自干燥制粉工序的原料进入到粉料混色系统。

图 1-6 原料进料阀

D　传送带

如图 1-7 所示，传送带采用一台三相异步电动机驱动，其作用有以下几点：

（1）接收原料进料阀输送来的粉料；

（2）在传送带下方安装称重模块；

（3）接收色料进给机构传送来的色料。

图 1-7　传送带

E　称重模块

称重模块将经过皮带上的粉料，通过称重秤架下的称重传感器进行检测重量，以确定皮带上的粉料重量；装在尾部滚筒或旋转设备上的数字式测速传感器，连续测量给料速度，该速度传感器的脉冲输出正比于皮带速度；速度信号与重量信号一起送入中央控制器。称重传感器的安装如图 1-8 所示。

图 1-8　称重传感器的安装

F　色料进给机构

色料进给机构是混色系统的控制核心，其控制精度直接影响粉料的质量。该机构共有6 种色料单独存放在料桶中，分别是：橘色、黄色、红色、棕色、蓝色和黑色。如图 1-9 所示，每个料桶由一台伺服电机单独控制进给量。中央控制器读取称重模块的重量信号和传送带的速度信号，按照预先设定每一种色料的配方参数，单独控制伺服电机，使色料定量投放到传送带上，该机构是陶瓷企业使用控制精度较高的色料进给机构。

G　搅拌机

搅拌机是混色系统的最后一个控制环节，常采用一台小功率三相异步电动机驱动搅拌机构恒速运行，其作用是将粉料和色料均匀地搅拌在一起，使陶瓷的坯体颜色相对稳定。

图 1-9　色料进给机构

1.1.3　知识检测

1.1.3.1　填空题

（1）人机界面主要有两项功能，功能一是以_____的形式输入每一种色料的配方参数给_____。

（2）人机界面功能二是查看_____，便于生产管理调取数据。

（3）在陶瓷企业混色系统中，采用_____作为 PLC 控制器比较常见。

（4）原料进料阀采用_____控制。

（5）称重模块将经过皮带上的粉料，通过称重秤架下的_____传感器进行检测重量，以确定皮带上的粉料重量。

（6）装在称重模块尾部滚筒或旋转设备上的_____测速传感器，连续测量给料速度。

（7）原料进料阀采用气动控制，其作用是_____来自干燥制粉工序的原料进入到粉料混色系统。

1.1.3.2　简答题

（1）在陶瓷企业混色系统中，PLC 的作用是什么？

（2）原料进料阀采用气动控制，其作用是什么？

（3）传送带作用有什么？

（4）称重模块的作用是什么？

任务 1.2　认识陶瓷企业的传送系统

项目教学目标

知识目标：

（1）了解生产过程中各类输送带的应用。

（2）掌握陶瓷企业输送带的分类。

技能目标：

（1）能说出常用输送带的驱动方式。

（2）能说出输送带的分类。

素质目标：

能更新自身知识库，掌握先进的物料传送方式。

知识目标

1.2.1　任务描述

陶瓷企业应用了很多的传送装置，这些传送装置能帮助陶瓷的生产及运输更加简单，节约了大量的劳动成本，提高了企业的生产效率，更好地实现规范化管理，对产品的质量监督也起到了一定的作用，输送带实现了工业自动化，符合当今社会发展的趋势。如今很多行业中，尤其是陶瓷企业，需要输送带设备来完成的，而且输送带的种类和规格已经被发明出很多种了，专业性很强，通过学习陶瓷企业的斗式提升机和带式输送机来了解输送带的分类及应用。陶瓷企业输送带如图 1-10 所示。

图 1-10　陶瓷企业输送带装置

1.2.1.1　任务分析

输送带，皮带输送机在农业、工矿企业和交通运输业中广泛用于输送各种固体块状和粉料状物料或成件物品，输送带能连续化、高效率、大倾角运输，输送带操作安全，输送带使用简便，维修容易，运费低廉，并能缩短运输距离，降低工程造价，节省人力物力。输送带，英文名 conveying belt，又称运输带，是用于皮带输送带中起承载和运送物料作用的陶瓷原料，或者是陶瓷的制品。输送带广泛应用于原料输送、成型、烧成、磨边、包装等生产中输送距离较短、输送量较小的场合。

1.2.1.2　任务材料清单

任务材料清单见表 1-1。

表 1-1　需要材料清单

名　　称	型　　号	数量	备　　注
陶瓷生产视频		1	
陶瓷生产图片		1	

1.2.2　知识链接

1.2.2.1　输送带的历史

我国从古代就已经出现了输送装置，早在公元 186~189 年，为了灌溉农田古人发明了拨车、踏车、牛转翻车将地势低的水运送到地势高的农田中去，如图 1-11 所示。

图 1-11　古代输送装置

（a）拨车；（b）踏车；（c）牛转翻车

17 世纪中期，美国开始应用架空索道传送散状物料；19 世纪中叶，各种现代结构的传送带输送机相继出现。1868 年，在英国出现了皮带式传送带输送机；传送带方式于 1869 年开始在辛辛那提屠宰场使用，也广泛应用于罐头食品工业和铸铁业；1887 年，在美国出现了螺旋输送机；1905 年，在瑞士出现了钢带式输送机；1906 年，在英国和德国出现了惯性输送机；1913 年，福特安装了第一条汽车流水生产线，使 T 型车的产量激增。此后，传送带输送机受到机械制造、电机、化工和冶金工业技术进步的影响，不断完善，逐步由完成车间内部的传送，发展到完成在企业内部、企业之间甚至城市之间的物料搬运，成为物料搬运系统机械化和自动化不可缺少的组成部分。

1.2.2.2　输送带的特点

（1）具有牵引件的传送带设备构成和特点。具有牵引件的传送带一般包括牵引件、承载构件、驱动装置、涨紧装置、改向装置和支承件等。牵引件用以传递牵引力，可采用输送带、牵引链或钢丝绳；承载构件用以承放物料，有料斗、托架或吊具等；驱动装置给输送机以动力，一般由电动机、减速器和制动器（停止器）等组成；涨紧装置一般有螺杆式和重锤式两种，可使牵引件保持一定的张力和垂度，以保证传送带正常运转；支承件用以承托牵引件或承载构件，可采用托辊、滚轮等。

具有牵引件的传送带设备的结构特点：被运送物料装在与牵引件连接在一起的承载构件内，或直接装在牵引件（如输送带）上，牵引件绕过各滚筒或链轮首尾相连，形成包括运送物料的有载分支和不运送物料的无载分支的闭合环路，利用牵引件的连续运动输送物料。

（2）没有牵引件的传送带设备构成和特点：没有牵引件的传送带设备的结构组成各不相同，用来输送物料的工作构件亦不相同。

其结构特点：利用工作构件的旋转运动或往复运动，或利用介质在管道中的流动使物料向前输送。例如，辊子输送机的工作构件为一系列辊子，辊子作旋转运动以输送物料；螺旋输送机的工作构件为螺旋，螺旋在料槽中作旋转运动以沿料槽推送物料；振动输送机的工作构件为料槽，料槽作往复运动以输送置于其中的物料等。

1.2.2.3 输送带的分类

传送带一般按有无牵引件可分为具有牵引件的传送带设备和没有牵引件的传送带设备。

具有牵引件的传送带设备种类繁多，主要有带式输送机、板式输送机、小车式输送机、自动扶梯、自动人行道、刮板输送机、埋刮板输送机、斗式输送机、斗式提升机、悬挂输送机和架空索道等。

没有牵引件的传送带设备常见的有辊子作旋转运动、螺旋输送机。

1.2.2.4 输送带的工作原理

在陶瓷企业中应用最广泛的输送带是目前市面上应用最多的斗式提升机和带式输送机两种。通过学习这两种常用的输送带，了解输送带在陶瓷企业的具体应用。

A 斗式提升机

斗式提升机在带或链挠性牵引件上，均匀地安装有若干料斗用来连续运送物料的运输设备。主要用于垂直连续输送散状物料，如图1-12所示。

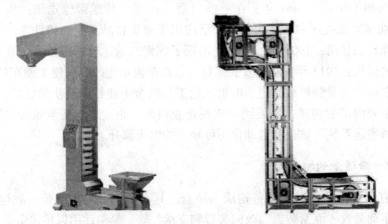

图1-12 斗式提升机

（1）构造。
组成：由牵引带、料斗、张紧装置、机壳及装卸装置构成。

料斗：有底、无底，如图 1-13 所示。

牵引带：平皮带、链条。

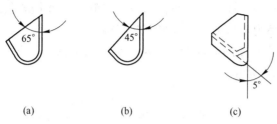

图 1-13　料斗

（a）深斗；（b）浅斗；（c）尖角形斗

（2）适用范围。提升固体物料，适用于松散型、小颗粒物料。

（3）斗式提升机结构和原理如图 1-14 所示。

（4）装料方式。分掏取式和喂入式两种，如图 1-15 所示。

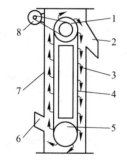

图 1-14　斗式提升机结构

1—主动轮；2—卸料口；3—料斗；

4—输料带；5—从动轮；6—进料口；

7—外壳；8—电动机

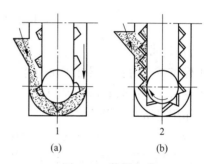

图 1-15　装料方式

（a）掏取式；（b）喂入式

（5）卸料方式。

离心式卸料：适用于粒状较小而且磨损性小的物料。

重力式卸料：适用于提升大块状、比重大、磨损性大和易碎的物料，如图 1-16 所示。

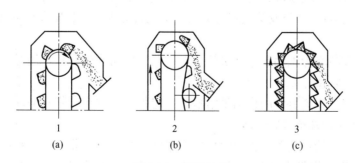

图 1-16　卸料方式

（a）离心式卸料；（b）导轮式重力卸料；（c）导槽式重力卸料

B　带式输送机（皮带运输机）

带式输送机（皮带运输机）适用物料：松散干湿物料、谷物颗粒及成件制品。

原理：利用一根封闭的环形带，绕在相距一定距离的两个鼓轮上，带由主动轮带动运行，物料在带上靠摩擦力随带前进，到另一端卸料。

（1）结构。主要由封闭的输送带、传动滚筒、改向滚筒、张紧装置、清扫器及驱动装置等组成，如图 1-17 所示。

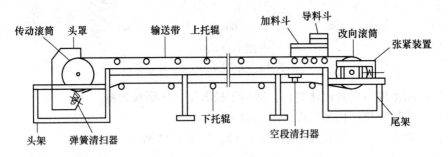

图 1-17　带式输送机结构

1）输送带：

①橡胶带。由若干层纤维帆布作为带芯，层与层之间用橡胶加以黏合而成的，其上下两面和左右两侧还附有橡胶保护层。帆布带芯是胶带承受拉力的主要部分，而橡胶保护层的主要作用是防止磨损及腐蚀。

②钢带。采用低碳钢制成，其厚度一般为 0.6~1.5mm，宽度在 650mm 以下。钢带的强度高，不易伸长，耐高温，因而常用于烘烤设备中。

③钢丝网带。强度高、耐高温。由于有网孔，故多用于边输送边进行固液分离的场合。

④输送带的连接。一般应采用硫化法、冷黏法、机械法连接。硫化法连接输送带在其硫化接头处的静态强度保持率要不低于 100%，使用寿命一般不少于 10 年。

2）托辊。

①功能：承托运输带及物料的重量。

②形式：上托辊（承载段托辊）和下托辊（空载段托辊）两种。

根据被输送物料的种类及输送带的形式，上托辊分为平行托辊和槽形托辊，如图 1-18 所示。

3）滚筒。卸料端为主动轮传动滚筒，上料端为从动滚筒，其作用是拉紧胶带和转向胶带，如图 1-19 所示。

4）张紧装置。张紧装置的作用是给胶带一定张力，防止胶带在鼓轮上打滑。常用的张紧装置有重锤式和螺丝拉紧式两种。

5）给料装置。给料装置是将物料放到输送带的器械，通常用料斗来实现。

6）卸料装置。物料可在输送带末端自由落下，不需卸料器。也可用挡板在中途卸料。

7）清扫器。为了清除卸料后仍黏附在输送带上的粉状物料，要安装清扫器，一般输

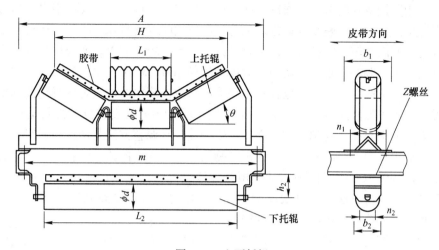

图 1-18　上下托辊

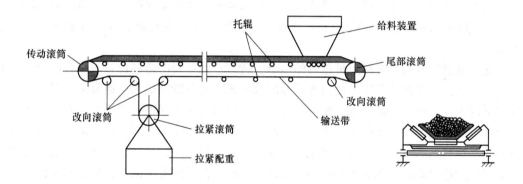

图 1-19　滚筒

送带的工作面用弹簧清扫器，非工作面用刮板清扫器。刮板清扫器的结构和工作原理与刮板卸料器相似。弹簧清扫器的原理是，利用弹簧的压力，将橡胶刮板紧紧贴附在滚筒部位的胶带上，起到清扫的作用。

（2）带式输送机的特点：

1）输送物料。粉粒体、块状、成形物、麻袋等。

2）功能。水平输送、倾斜输送。

3）形式。固定式、移动式。

4）特点。输送量大、动力消耗少、运转连续、工作平稳、输送距离大。

（3）常见故障：

1）皮带跑偏。为解决这类故障重点要注意安装的尺寸精度与日常的维护保养。跑偏的原因有多种，需根据不同的原因区别处理。

①调整承载托辊组皮带机的皮带。在整个皮带输送机的中部跑偏时可调整托辊组的位置来调整跑偏；在制造时托辊组的两侧安装孔都加工成长孔，以便进行调整。具体方法是皮带偏向哪一侧，将托辊组的哪一侧朝皮带前进方向前移，或另外一侧后移。

②安装调心托辊组。调心托辊组有多种类型，如中间转轴式、四连杆式、立辊式等，

其原理是采用阻挡或托辊在水平面内方向转动阻挡或产生横向推力使皮带自动向心，达到调整皮带跑偏的目的。一般在皮带输送机总长度较短时或皮带输送机双向运行时采用此方法比较合理，原因是较短皮带输送机更容易跑偏并且不容易调整。而长皮带输送机最好不采用此方法，因为调心托辊组的使用会对皮带的使用寿命产生一定的影响。

③调整驱动滚筒与改向滚筒位置。驱动滚筒与改向滚筒的调整是皮带跑偏调整的重要环节。因为一条皮带输送机至少有 2~5 个滚筒，所有滚筒的安装位置必须垂直于皮带输送机长度方向的中心线，若偏斜过大必然发生跑偏。其调整方法与调整托辊组类似。对于头部滚筒，如皮带向滚筒的右侧跑偏，则右侧的轴承座应当向前移动；皮带向滚筒的左侧跑偏，则左侧的轴承座应当向前移动，相对应地也可将左侧轴承座后移或右侧轴承座后移。尾部滚筒的调整方法与头部滚筒刚好相反。经过反复调整直到皮带调到较理想的位置。在调整驱动或改向滚筒前最好准确安装其位置。

④张紧处的调整。皮带张紧处的调整是皮带输送机跑偏调整的一个非常重要的环节。重锤张紧处上部的两个改向滚筒除应垂直于皮带长度方向以外还应垂直于重力垂线，即保证其轴中心线水平。使用螺旋张紧或液压油缸张紧时，张紧滚筒的两个轴承座应当同时平移，以保证滚筒轴线与皮带纵向方向垂直。具体的皮带跑偏的调整方法与滚筒处的调整类似。

⑤转载点处落料位置对皮带跑偏的影响。转载点处物料的落料位置对皮带的跑偏有非常大的影响，尤其在两条皮带机在水平面的投影成垂直时影响更大。通常应当考虑转载点处上下两条皮带机的相对高度。相对高度越低，物料的水平速度分量越大，对下层皮带的侧向冲击也越大，同时物料也很难居中。使在皮带横断面上的物料偏斜，最终导致皮带跑偏。如果物料偏到右侧，则皮带向左侧跑偏，反之亦然。在设计过程中应尽可能地加大两条皮带机的相对高度。在受空间限制的移动散料输送机械的上下漏斗、导料槽等件的形式与尺寸更应认真考虑。一般导料槽的宽度应为皮带宽度的 2/3 左右比较合适。为减少或避免皮带跑偏可增加挡料板阻挡物料，改变物料的下落方向和位置。

⑥双向运行皮带输送机跑偏的调整。双向运行的皮带输送机皮带跑偏的调整比单向皮带输送机跑偏的调整相对要困难许多，在具体调整时应先调整某一个方向，然后调整另外一个方向。调整时要仔细观察皮带运动方向与跑偏趋势的关系，逐个进行调整。重点应放在驱动滚筒和改向滚筒的调整上，其次是托辊的调整与物料的落料点的调整。同时应注意皮带在硫化接头时应使皮带断面长度方向上的受力均匀，在采用导链牵引时两侧的受力尽可能地相等。

2）撒料的处理。皮带输送机的撒料是一个共性的问题，原因也是多方面的。但重点还是要加强日常的维护与保养。

①转载点处的撒料。转载点处撒料主要是在落料斗、导料槽等处。如皮带输送机严重过载，皮带输送机的导料槽挡料橡胶裙板损坏，导料槽处钢板设计时距皮带较远，橡胶裙板比较长，使物料冲出导料槽。上述情况可以在控制运送能力加强维护保养上得到解决。

②凹段皮带悬空时的撒料。凹段皮带区间当凹段曲率半径较小时会使皮带产生悬空，此时皮带成槽情况发生变化，因为皮带已经离开了槽形托辊组，一般槽角变小，使部分物料撒出来。因此，在设计阶段应尽可能地采用较大的凹段曲率半径来避免此类情况的发

生。如在移动式机械装船机、堆取料机设备上为了缩短尾车而将此处凹段设计成无圆弧过渡区间，当皮带宽度选用余度较小时就比较容易撒料。

③跑偏时的撒料。皮带跑偏时的撒料是因为皮带在运行时两个边缘高度发生了变化，一边高，而另一边低，物料从低的一边撒出，处理的方法是调整皮带的跑偏。

（4）带式输送机的使用与维护。

1）加料要均匀。

2）输送散物料时，注意清扫输送带的正反两面，保持带与滚筒及托辊间的清洁，减少磨损。

3）定期检查各运动部分的润滑，及时加注润滑剂，以减小摩擦阻力。

4）向上输送物料的倾角过大时，最好选用花纹输送带，以免物料滑下。

5）对于倾斜布置的带式输送机，给料段应尽可能设计成水平段。

6）经常检查和调整带的张紧程度，防止带过松而使输送带产生振动或走偏。

7）发现输送带局部损伤，应及时修理，以防损伤扩大。

1.2.3　知识检测

1.2.3.1　填空题

（1）带式输送机的基本组成部分是 _____、_____、_____、_____、_____、_____、_____。

（2）带式输送机皮带的连接方式有_____、_____、_____三种。

（3）输送带的按带芯不同分为_____、_____。

（4）托辊按材质不同分为_____、_____、_____三种。

（5）输送黏性物料时，滚筒表面、回程段带面应设置相适应的_____装置。

（6）输送带打滑是输送带与传动滚筒表面出现_____运动的现象。

（7）严禁人员_____带式输送机，不准用带式输送机运送设备和_____。

1.2.3.2　判断题

（1）输送带张力不够是造成皮带打滑的原因之一。　　　　　　（　　）

（2）清扫器失效是造成皮带打滑的原因之一。　　　　　　　　（　　）

（3）做接头时，手拉或用脚蹬踩输送带要谨防滑倒。　　　　　（　　）

（4）托辊安装不正是皮带打滑的原因之一。　　　　　　　　　（　　）

（5）宽度不一样的皮带不能搭接到一块。　　　　　　　　　　（　　）

1.2.3.3　简答题

1. 带式输送带常见故障是什么？

2. 调整承载托辊组皮带机的皮带在整个皮带输送机的中部跑偏如何调整？

3. 皮带张紧处的调整方法是什么？

4. 带式输送机的使用与维护应注意什么？

任务1.3 认识电气设备的组成

项目教学目标

知识目标：

（1）了解陶瓷电气设备的发展现状。

（2）掌握陶瓷电气设备的特点。

技能目标：

（1）能正确认识陶瓷企业生产的常用电气设备。

（2）能够说出陶瓷电气设备的主要特点。

素质目标：

（1）具有团队协作精神。

（2）具有良好的职业道德和岗位责任感。

知识目标

1.3.1 任务描述

通常陶瓷企业使用的球磨机、喷雾干燥塔、压砖机、辊道窑等建筑陶瓷生产用成套设备，如图1-20所示。

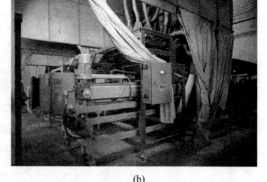

(a)   (b)

图1-20 常见陶瓷企业电气设备

(a) 球磨机；(b) 压砖机

（1）通过对陶瓷电气设备的学习，能说出各设备的主要功能，各系统组成元件的名称、位置。

（2）正确进行各电气系统的操作。

（3）能够正确说出电气设备的功能及用途。

1.3.2 知识链接

1.3.2.1 陶瓷电气设备的发展现状

改革开放以前，我国陶瓷机械工业十分弱小，附属于几个产瓷区的陶机厂是在修理厂的基础上建立起来的国有企业，生产设备落后，产品质量低、产量小。几十年来，由于陶瓷行业的高速发展，陶瓷机械工业得到了极其迅猛的发展。特别是经过"八五""九五"时期的项目攻关开发、研究，在原有引进、消化、吸收的基础上，建筑陶瓷国产生产线装备的生产技术水平有了很大的提高，包括原料制备装备、成形设备、干燥施釉装饰设备、烧成设备、抛光装备等已基本实现了建筑陶瓷生产的整线国产化。

目前，我国约有200家具备一定规模的陶瓷机械生产企业，其中科达、力泰、海源、中窑、中瓷、唐山轻机、五菱、弼塘陶机等为国内市场销售量较大的厂家，但绝大部分企业的主营业务基本集中在原料制备装备、成形设备、干燥施釉、烧成设备、抛光装备中的一种或几种，真正具备整体优势又具备现代企业制度的企业不多，能提供整厂整线技术装备服务的企业几乎为零。

我国陶瓷机械厂家多、规模小，许多产品低水平生产，科研资金投入少，产品创新能力不足。2003年，我国陶瓷机械装备技术研发费用的投入占销售收入的平均比重约为3%~4%，远低于意大利陶机企业8%的平均水平。

近年来，以科达机电、力泰为首的一批科技型、知识型的陶瓷装备生产企业快速发展，其经营管理水平、产品研制与生产组织等方面正努力与世界市场接轨，并具备了一定的国际竞争力。

1.3.2.2　建筑陶瓷成套技术装备

A　原料加工装备

建筑陶瓷的主要原料加工设备包括：（1）粉碎机械，如鄂式破碎机、轮碾机、施磨机、雷蒙磨、球磨机等；（2）制浆、制粉机械，如各类搅拌机、喷雾干燥塔、增湿造粒机等；（3）其他辅助设备，如喂料机、自动称量设备、泥浆泵、振动筛、除铁器等。

（1）球磨机。

1）球磨机结构如图1-21所示。

①联合进料器，供进料用。

②筒体部分，筒体上开有人孔，供检修和更换筒内衬板时用。

③排料部分。供球磨机排出合格产品用。

④主轴承部分。

⑤传动部分。

2）工作原理。电机通过减速装置驱动筒体回转，筒体仙的碎矿石和钢球在筒体回转时受摩擦力和离心力作用被衬板带到一定高度后由于重力作用，便产生抛落和泻落，矿石在冲击和研磨作用下逐步被粉碎。被粉碎的矿石经排料部分排出筒外。排出的矿物在螺旋分级机中经分级出合格产品后，粗砂通过联合进料器再回到球磨机内继续粉磨。供料机连续均匀地喂料，矿石经联合进料器连续均匀地进入球磨机，被磨碎的物料源源不断地从球磨机中排出。

3）球磨机的特点：

①优点。对物料物理性质波动的适应性较强，能连续生产，且生产能力较大，便于大型化，能满足现代化企业大规模生产的需要。

粉碎比大，达300，甚至可达1000以上，产品细度、颗粒级配易于调节，颗粒形貌

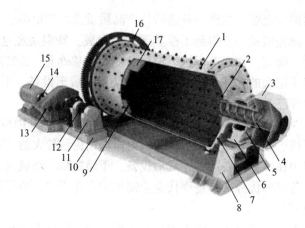

图 1-21 球磨机结构

1—筒体；2—石板；3—进料器；4—进料螺旋；5—轴承盖；6—轴承座；
7—锟轮；8—支架；9—花板；10—震动座；11—过桥轴承座；12—小齿轮；13—减速机；
14—连轴器；15—电机；16—大齿圈；17—大衬板

近似球形，有利于生料煅烧及水泥的水化、硬化。

可干法作业，也可湿法作业，还可烘干和粉磨同时进行；粉磨的同时对物料有混合、搅拌、均化作业。

结构简单、运转效率高、可负压操作、密封性好、维护简单、操作可靠。

②缺点。粉磨效率低，电能有效利用率低，只有2%~3%，电耗高，约占全厂总电耗的2/3。

设备笨重，总重可达几百吨，一次性投入大、噪声大、并有较强震动。

转速低（一般为15~30r/min），因而需配备减速装置。

4）球磨机的分类：

①按筒体的长度和直径之比分。

短磨：又称球磨，其长径比在2以下，一般为单仓。

中长磨：其长径比在2~3.5，一般为2个仓。

长磨：其长径比在3.5以上，一般为2~4个仓。

②按磨内装入研磨介质的形状和材质分。

球磨机：磨内研磨介质为钢球或钢段。

棒球磨：第一仓装钢棒，其余仓装钢球（也有的尾仓装钢段）的磨机。

小研磨介质磨：磨内装小规格研磨体的磨。如康比丹磨，内装4~14mm的钢段。

砾石磨：以砾石、卵石、瓷球等做研磨介质，以花岗岩、瓷料、橡胶为衬板的磨机。一般用于粉磨白色水泥、彩色水泥和陶瓷原料。

③按卸料方式分。

第一种分法为尾卸式磨和中卸式磨两种，尾卸式磨的物料由头端喂入、从尾端卸出；中卸式磨的物料由两端喂入，中部卸出。

第二种分法为中心卸料式磨和周边卸料式磨两种。

④按传动方式分。

中心传动磨：以电动机（通过减速机）带动磨机卸料端的空心轴，使磨体回转。

边缘传动磨：电动机通过减速机带动固定于筒体卸料端的大齿轮驱动筒体回转。

⑤按生产方法分。

干法磨：喂入干料，产品为干粉的磨机。

湿法磨：喂料时加入适量的水，产品为浆料的磨机。

烘干磨：喂入潮湿的物料，在粉磨过程中用外部供给的热气流烘干物料。

⑥按生产过程是否连续分。

间歇式磨：一磨料磨好后倒出再磨第二磨的磨机，陶瓷厂多用此磨。

连续式磨：连续加料且连续卸料的磨。

（2）喷雾干燥塔。

1）结构，如图 1-22 所示。

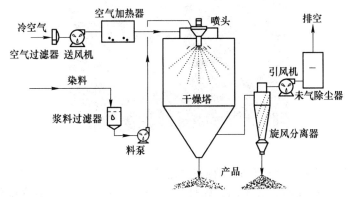

图 1-22　喷雾干燥塔结构

2）工作原理。空气通过过滤器和加热器进入干燥塔顶部的空气分配器，然后呈螺旋状均匀地进入干燥室。料液由料液槽经过滤器由泵送至干燥塔顶的离心雾化器，使料液喷成极小的雾状液滴，料液与热空气并流接触，水分迅速蒸发，在极短的时间内干燥为成品。成品由干燥塔底部和旋风分离器排出，废气由风机排出。

3）喷雾干燥塔特点：

①干燥速度快。料液经离心喷雾后，表面积大大增加，在高温气流中瞬间就可蒸发 95%~98% 的水分，完成干燥时间仅需数秒钟。

②采用并流型喷雾干燥形式能使液滴与热风同方向流动，虽然热风的温度较高，但由于热风进入干燥室内立即与喷雾液滴接触，室内温度急降，而物料的湿球温度基本不变，因此也适宜于热敏性物料干燥。

③使用范围广。根据物料的特性，可以用于热风干燥、离心造粒和冷风造粒，大多特性差异很大的产品都能用此机生产。

④由于干燥过程是在瞬间完成的，产成品的颗粒基本上能保持液滴近似的球状，产品具有良好的分散性、流动性和溶解性。

⑤生产过程简化、操作控制方便。喷雾干燥通常用于固含量 60% 以下的溶液，干燥后，不需要再进行粉碎和筛选，减少了生产工序，简化了生产工艺。对于产品的粒径、松密度、水分，在一定范围内，可改变操作条件进行调整，控制、管理都很方便。

⑥为使物料不受污染和延长设备寿命，凡与物料接触部分均采用不锈钢材料制作。料液经喷雾后，雾化成分散的微粒，表面积大大增加，与热空气接触后在极短的时间内就能完成干燥过程。一般情况下在100～150℃，1～3s内就能蒸发95%～98%的水分。由于干燥过程是在瞬间完成的，产成品的颗粒基本上能保持与液滴近似的球状，从而具有良好的分散性、优良的冲调性和很高的溶解度。

（3）除铁机。

1）除铁机结构如图1-23所示。

图1-23　除铁机

2）工作原理。当矿物颗粒和脉石颗粒通过除铁机磁场时，由于矿粒的磁性不同，在磁场的作用下，它们运动的方式不同。磁性矿粒受磁力的吸引，附着在除铁机的圆筒上，被圆筒带到一定的高度后，脱离磁场从筒上利用高压冲洗水冲落。非磁性颗粒（脉石颗粒）在除铁机磁场中不受磁力的吸引，因而不能附着在圆筒上。除铁机得到两种产品：一种是磁性产品，进入尾矿箱；另一种是非磁性产品，进入精矿箱。

3）除铁机特点。浆料除铁机属于一种湿式旋转式全自动除铁机，不需派专人看管，自动吸取物料中的铁并自动去除吸取上来的铁，是一款新型除铁机，具有产量高、损耗小、故障率低、安装方便、节能等特点。

4）除铁机分类。磁铁分天然磁铁和人造磁铁。人造磁铁又分成两种：一种是永久磁铁，另一除铁机的梯度种是电磁铁。两者的区别在于永久磁铁是由磁性材料（如磁性合金、陶瓷磁铁等）做成的，而电磁铁是在铁芯外面绕上线圈，通入直流电产生磁性，断电后磁性立刻消失。

B　成型装备

压砖机是建筑陶瓷生产过程中的关键设备（俗称陶瓷生产线的"心脏"），我国陶瓷企业目前新上项目仍采用砖坯由施釉线直接输送到窑炉的方式，无储坯系统。

（1）压砖机结构如图1-24所示。

1）主机部分。主机是液压压砖机的重要组成部分之一，它包括框架、压制油缸、料车、顶出器、接近开关箱及安全机构等主要部件。国内外各公司的压机具体形式不完全相同，但基本上都包括了上述各机构。

2）液压系统部分。液压系统是液压压砖机的核心部分。液压系统设计的先进性、合

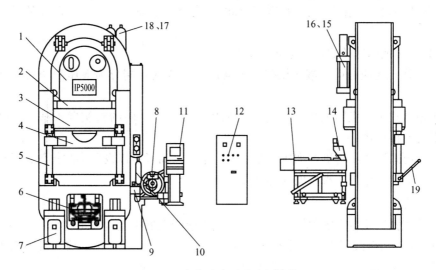

图 1-24　全自动液压压砖机结构

1—框架；2—主活塞；3—油缸；4—动梁；5—导杆；6—顶出装置；7—支脚；
8—泵站；9—阀组Ⅲ；10、18—蓄能器；11—自控柜；12—动力柜；13—布料小车；
14—喂料斗；15—阀组Ⅰ；16—增压器；17—阀组Ⅱ；19—安全装置

理性是压机技术先进性的重要标志，也是压机运行稳定性、可靠性的关键。所有的液压压砖机液压系统都是由动力部分、控制部分、执行部分及辅助部分四大部分组成。

①动力部分。动力部分主要由电动机和柱塞泵（或叶片泵）组成，向液压系统提供压力油。

②控制部分。控制部分一般由压力控制阀、方向控制阀、流量控制阀三大类的阀件组成。液压压砖机的液压系统一般将这些阀件组成三大集成块，即顶模、布料集成块、系统压力调节集中块和压制循环集成块。

③执行机构部分。执行机构是将压力能转变为机械能，主要包括油缸和液压马达。

④辅助部分。辅助部分主要由油箱、冷却器（加热器）、管路与接头、滤油器、蓄能器等组成。它们的功能是储存油液、控制油温、输送油液、对油液进行过滤、消除油液中的杂质、储存能量等。

⑤电气控制部分。电气控制部分由动力控制柜和自动控制柜组成，包括操作平台、可编程控制器、触摸屏、继电器等。

（2）工作原理。主油缸（活塞）带动动梁上下运动，组装在动梁上的上模头对粉料施以压力，压制成型的砖坯由顶出装置顶出模腔，然后布料装置将砖坯推出，由翻坯机运走，砖坯被推出的同时，顶出装置的顶砖缸下降，使模具的下模形成料腔，布料装置将粉料布入模腔，以备再次压制砖坯。如此循环，即达到连续生产砖坯的目的。

（3）特点：

1）液压压砖机容易实现压砖机的大型化和系列化。通过提高油压或增大油缸有效面积，即可得到大吨位的系列压机。

2）容易实现压制力、压制速度、动作时间、动作转换的自动控制和调节。

3）对坯料适应性强，能获得高质量的坯体。

4）布料均匀、工作平稳，对坯体施加的压力近似静压力，有利于砖坯的成型和自动操作。

5）易于实现墙地砖的自动化连续生产。

（4）液压压砖机分类。液压压砖机根据加压方式的不同分为液压静压式和液压振动式两种。

液压振动式压砖机因加压方式为振动加压，压力小，砖的密实度不够，现已基本淘汰，这里就不再详述。

液压静压式液压压砖机因加压平稳、故障率低，而且可以设置多次排气，所以压制的成品具有外形尺寸标准、密实度高等优点。

C 烧成装备

窑炉是陶瓷工业生产的关键设备，在陶瓷工业的发展中起着举足轻重的作用。我国从20世纪80年代初全线引进国外窑炉生产线，通过消化、吸收，现已成为我国陶瓷装备国产化率最高的装备之一。

目前，国内窑炉的主要生产厂家有华夏、中窑、天泽、景陶、科达等。

（1）窑炉的结构。窑炉通常由窑室、燃烧设备、通风设备、输送设备等四部分组成，如图1-25所示。

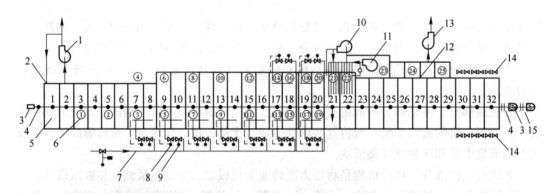

图1-25 辊道窑结构

1—排烟机；2—窑头封闭气幕；3—可调速电动机；4—电磁离合器；5—窑体模块；6—测温热电偶；

7—燃气管道；8—下游电磁阀；9—上游电磁阀（最小量电磁阀）；10—热风循环风机；11—急冷风机；

12—抽热风口；13—抽热风机；14—窑尾轴流冷却风机；15—备用电动机系统

（2）窑炉的分类：

1）按构造形式分梭式窑、隧道窑、辊道窑、推板窑、圆形（转盘窑）、钟罩窑。

2）按供热方式分煤窑、柴窑、电窑、燃气窑。煤窑、柴窑已被淘汰，清洁能源窑炉（电、燃气）已走向成熟阶段。

3）按烧成温度分高温窑、中温窑、低温窑。

D 瓷质砖抛光设备

瓷砖磨边机又名圆弧抛光机，该机在瓷砖磨边机基础上改进设计而成，具有多功能、效率高等诸多优点，机械生产为例：瓷砖可以开楼梯防滑槽、踢脚线、内墙45°倒角、修边等功能，是用在陶瓷加工厂最多的一种设备，也是功能最全面的陶瓷件加工设备之一。

截至目前，最新款的有圆弧线条抛光机，即又在圆弧抛光机基础上，再一次改进而成，增加了石材线条、瓷砖线条等功能，是陶瓷加工设备用的精品中的精品。

（1）常用磨边机的功能：磨边、圆边、30°、45°、开防滑槽、边槽、抛光、后倒角。

（2）新型圆弧线条抛光机功能：磨边、圆边、30°、45°、开防滑槽、边槽、抛光、后倒角、线条定型、线条抛光。

（3）主要用途：生产踏步/梯级砖、地板/地脚线砖，大理石等石材瓷砖加工。

（4）瓷砖切割机也是瓷砖加工厂必不可少的设备，通常市场上流行的有800型和1200型切割机，还有数控自动切割机，速度精确、快速。

E　自动拣选、包装机械

（1）上砖系统。工作人员将生产好的瓷砖放入上砖系统指定的位置，上砖机械手便会根据设定好的程序自动抓取一定数量的瓷砖（通常是4块、6块或8块），然后将其放置在包装主机上。

（2）包装主机。包装主机的功能是上纸和包角，在上砖机械手将瓷砖输送到主机的前一瞬间，主机便会自动添加包装纸箱，使瓷砖恰好落在包装纸箱的正上方。在上纸完毕后，传送带继续运行，对瓷砖包装箱边缘及其四个角进行折叠。

（3）四芯打带机。瓷砖包装在上纸和包角程序完成之后，传送带便将产品输送到打带机中进行打带固定。首先是由前两条打带线打出两条固定绑带，对瓷砖进行固定，然后通过一个转向装置，将打有两条绑带的瓷砖进行90°转向，最后在后两条打带线中继续进行打带，完成井字形打带固定。

（4）码垛系统。瓷砖包装好后，传送带将之传送到特定的位置，最后进入自动码垛环节。自动码垛一般都是两厢瓷砖为一个组合，码垛系统同时抓取两厢瓷砖，然后根据设定好的码垛方式对瓷砖进行堆放。

1.3.3　知识检测

1.3.3.1　选择题

（1）目前，我国约有（　　）家具备一定规模的陶瓷机械生产企业。

A. 500　　　　　　　B. 200　　　　　　　C. 1000　　　　　　D. 2000

（2）按筒体的长度和直径之比分，球磨机可分为（　　）。

A. 长、中、短磨　B. 长、短磨　　　C. 长、中长、短磨　D. 中、短磨

（3）中长磨：其长径比在（　　），一般为2个仓。

A. 2　　　　　　　B. 2~3.5　　　　　C. 4　　　　　　　D. 3

（4）球磨机的磨内研磨介质为（　　）。

A. 钢段　　　　　　B. 钢球　　　　　　C. 钢球或钢段　　　D. 砾石

（5）球磨机按卸料方式分为尾卸式磨和（　　）两种。

A. 砾石磨　　　　　B. 棒球磨　　　　　C. 中卸式磨　　　　D. 头卸式磨

（6）喷雾干燥塔中料液经离心喷雾后，表面积大大增加，在高温气流中，瞬间就可蒸发（　　）的水分，完成干燥时间仅需数秒钟。

A. 95%~99%　　　B. 93%~96%　　　C. 96%~98%　　　D. 95%~98%

（7）除铁机的磁铁分（　　　）和人造磁铁。

A. 电磁铁　　　　　B. 天然磁铁　　　　　C. 励磁磁铁　　　　　D. 永磁铁

（8）压砖机是建筑陶瓷生产过程中的（　　　）。

A. 电气设备　　　　B. 普通设备　　　　　C. 关键设备　　　　　D. 无关紧要的设备

（9）液压系统设计的先进性、（　　　）是压机技术先进性的重要标志。

A. 关键性　　　　　B. 科学性　　　　　　C. 合理性　　　　　　D. 前瞻性

1.3.3.2　简答题

（1）建筑陶瓷的主要原料加工设备包括哪些？

（2）球磨机按磨内装入研磨介质的形状和材质分为几种，分别是什么？

（3）主机是液压压砖机的重要组成部分之一，它包括哪些？

任务 1.4　认识 THJDQG-2 型机电控制实训设备

项目教学目标

知识目标：

（1）了解 THJDQG-2 实训设备的元件。

（2）掌握 THJDQG-2 实训设备结构及各模块的组成。

技能目标：

（1）能说出各模块的作用及组合后可进行的训练。

（2）能排除简单的设备故障使设备正常工作。

素质目标：

（1）具有团队协作精神。

（2）具有良好的职业道德和岗位责任感。

知识目标

1.4.1　任务描述

通过 THJDQG-2 实训设备，了解该实训设备的导轨式型材实训台、光机电一体化设备部件、电源模块、按钮模块、PLC 主机模块、变频器模块、交流电机模块、步进电机及驱动器模块、伺服电机及伺服驱动器模块、模拟生产经济实训单元（包含上料单元、皮带输送检测单元、气动机械手搬运单元、物料传送、仓储单元、物料返回单元等）和各种传感器的组成。

1.4.1.1　任务分析

（1）了解工作中各类传感器的工作特性，加强对这些传感器的感性认识，再结合开放式技能实训，快速掌握所学知识。

（2）了解气动技术的应用，包括多种电控气动阀、多种气动缸、气动手爪、真空吸盘、真空发生器、过滤减速阀等。在学习这些气动元件时，不但单独学习每一种分离元件，而且还可以在学习时了解各种气动元件之间、气动元件与其他元件之间是如何配合起来进行协调工作。

（3）在该设备上可进行电路原理图的分析、PLC 各 I/O 地址查对和设备电路连线方法的学习。

（4）在该设备上学习 PLC 的各种技术，学习综合科技环境下 PLC 的多种应用。为灵活学习和掌握 PLC 的各方面知识提供了条件。

（5）学习设备日常维护的内容和方法，以及系统常见故障分析和排除的方法。

1.4.1.2　任务材料清单

需要材料清单见表 1-2。

表 1-2　需要器材清单

名称	型　　号	数量	备注
上料单元	井式工件库 1 件，光电传感器 1 只，磁性开关 2 只，单控电磁阀 1 只，速度调节阀 2 只，尼龙推块 1 块，物料挡块 1 块，支架 1 个	1 套	
PLC 实训模块	三菱 FX3U-48MT	1 件	
变频器实训模块	三菱 E740，三相 AC380V 输入，功率 0.75kW	1 件	
触摸屏	5.7 英寸 64K 色	1 件	
电源模块	三相电源总开关（带漏电和短路保护）1 个，熔断器 3 只，单相电源插座 2 个，三相四线电源输出 1 组、安全插座 5 个	1 件	
按钮模块	开关电源 24V/6A 1 只，急停按钮 1 只，复位按钮黄、绿、红各 1 只，自锁按钮黄、绿、红各 1 只，转换开关 2 只，蜂鸣器 1 只，24V 指示灯黄、绿、红各 2 只	1 件	
皮带输送检测单元	三相交流减速电机（AC380V，输出转速 50r/min）1 台，滚动轴承 4 只，滚轮 2 只，传输带 958mm×38mm×1.5mm 1 条，电感传感器 1 只，电容传感器 1 只，色标电感传感器 1 只，光电编码器 1 只	1 套	
气动机械手搬运单元	导杆气缸 1 只，旋转气缸 1 只，气动手爪 1 只，磁性开关 5 只，单控电磁阀 3 只	1 套	
物料传送仓储单元	同步带 1 根、同步轮 2 只、步进电机 1 只，步进电机驱动器 1 只，磁性开关 2 只，单控电磁阀 1 只，单杆气缸 1 只，限位开关 3 只，运料小车一个	1 套	
物料返回单元	伺服电机 1 只，伺服驱动器 1 只，齿条 1 根，齿轮 1 个，涡轮蜗杆 1 只，双轴气缸 1 只，真空发生器 1 只，真空吸盘 1 只，电感传感器 1 只，限位开关 2 只	1 套	

1.4.2　知识链接

1.4.2.1　系统组成

光机电一体化控制实训系统由型材实训台、典型光机电一体化设备机械部件、PLC 主机模块、变频器模块、按钮模块、电源模块、模拟生产设备实训模块（包含上料单元、皮带输送检测单元、气动机械手搬运单元、物料传送仓储单元、物料返回单元等）、接线端子排、各种传感器、警示灯和气动电磁阀等组成。整体结构采用开放式设计，可以组装、接线、编程和调试由上料单元、皮带输送检测单元、气动机械手搬运单元、物料传送仓储单元和物料返回单元组成的光机电一体化控制实训系统。

1.4.2.2　控制要求

A　上料单元

系统上电，点击"停止"按钮，再点击"复位"按钮。点击"启动"按钮，当光电传感器检测到井式工件件库中有物料时，延时 2s 推料气缸动作将物料推出至皮带输送线，磁性传感器检测到位信号后，推料气缸立即缩回；若 10s 钟后光电传感器仍未检测到物料，说明工件件库中无物料，警示黄灯闪烁，放入物料后警示黄灯熄火，延时 2s 推料气缸动作。当气动机械手夹起物料后，重复以上动作。

B　皮带输送检测单元

当物料被推料气缸推出后，PLC 启动变频器，三相交流异步电机以 30Hz 的频率运行，皮带开始输送物料。物料分别经过第一（电感传感器）、第二（电容传感器）、第三（色标传感器）传感器，传感器把检测到的信号传送到 PLC，PLC 判别物料，为物料传送仓储单元做准备。物料被传送带输送到终点时，变频器停止运行，传送带停止工作。上料单元的推料气缸推出物料后，再重复以上的过程。

C　气动机械手搬运单元

当物料输送到终点后，机械手手臂下降，手臂下限位传感器检测到位后，气动机械手抓取物料，气动机械手夹紧限位传感器检测到夹紧信号后，机械手手臂上升。机械手上限位传感器检测到位后，手臂向右旋转。旋转气缸顺时针限位传感器检测到位信号后，延时 2s，机械手手臂下降。机械手手臂下限位传感器检测到位后，气动机械手释放物料，气动机械手手臂上升。气动机械手上限位传感器检测到位后，手臂向左旋转。旋转气缸逆时针限位传感器检测到位信号后，等待下一个物料到位，重复上面的过程。

D　物料传送仓储单元

当机械手把物料放到运料小车上后，PLC 启动步进电机，并根据皮带输送检测单元中传感器检测到物料信息，把物料运送到相应的货台位置，然后推料气缸把物料推到货台上，运料小车再回到起始位置，等待下一物料到位，重复上面的动作。

货台对应物料材质和颜色（货台编号从右向左）见表 1-3。

表 1-3　货台对应物料材质及颜色

货台编号	物料材质	物料颜色
1 号	铁质	黄色
2 号	铁质	红、绿色
3 号	铝质	黄色
4 号	铝质	红、绿色
5 号	尼龙	黄色
6 号	尼龙	红、绿色

E 物料返回单元

当气动机械手搬运单元夹紧第三个物料时，PLC 启动伺服驱动器，根据物料传送仓储单元传送的顺序进行返回搬运。涡轮蜗杆运动机构运行到第一个物料位置，双轴气缸下降，下限位传感器检测到位后，真空发生器动作；真空吸盘吸紧物料后，双轴气缸上升；双轴气缸上限位传感器检测到位信号后，伺服电机启动，涡轮蜗杆运动机构运行到上料单元井式工件库上方真空发生器释放，物料落入井式工件库中，电机继续向右运行，电感式传感器检测到位信后，电机反向运行进行下一物料搬运，重复上面的过程。

F 启动、停止、复位、警示

（1）系统上电后，将皮带、运料小车、货台上物料清空。点击"停止"按钮后，点击"复位"按钮，系统复位；点击"启动"按钮，警示绿灯亮。缺料时，延时 10s 后警示黄灯闪烁；放入物料后，警示黄灯闪烁停止，设备开始运行。运行过程中，不得人为干预执行机构，以免影响设备正常运行。

（2）按"停止"按钮，所有部件停止工作（伺服电机运动机构和运料小车运行到位后停止），警示红灯亮。

（3）停止后进行复位操作时，真空吸盘不能自动复位，在运动机构运行的等待位置后，需手动强制电磁阀停止真空发生器，同时用手接住真空吸盘释放的物料。

G 突然断电的处理

突然断电，设备停止工作。电源恢复后，将皮带、运料小车、货台上物料清空；点击"停止"按钮后，点击"复位"按钮，再点动"启动"按钮。则设备重新开始运行。

1.4.2.3 上料单元

A 主要组成与功能

（1）由井式工件库、光电传感器、物料、推料气缸、安装支架等组成，如图 1-26 所示。主要将物料依次送至皮带传送检测单元上。没有物料时，延时 10s 后，报警指示黄灯闪烁，放入物料后闪烁自动停止。

（2）光电传感器。此传感器为光电漫反射型传感器，用于检测有无物料。有物料时为 PLC 提供一个输入信号。

（3）推料气缸。将物料推到皮带传送单元上，由单相电控气动阀控制。

（4）警示灯。在设备停止时红灯亮，在设备运行时绿灯亮，在无物料时黄灯闪烁。

（5）井式工件库。用于存放物料，料筒侧面有观察梢。

（6）安装支架。用于安装工件库和推料气缸等。

B 主要器件

光电传感器：SB03-1K；

磁性传感器：CS-120；

单杆气缸：SBA-10X 60-SA2；

警示灯：JD501-L01R024（红灯）；

警示灯：JD501-L01G024（绿灯）；

警示灯：JD501-L01Y024（黄灯）。

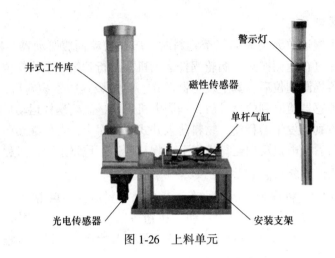

图 1-26 上料单元

1.4.2.4 皮带输送检测单元

A 主要组成与功能

由皮带输送线、三相异步电动机（由变频器控制）、电容传感器、电感传感器、色标传感器、编码器等组成，如图 1-27 所示。主要完成传感器的检测和物料的输送。

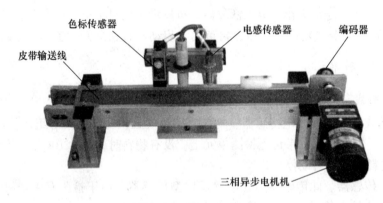

图 1-27 皮带输送检测单元

（1）电容传感器。检测金属材料，检测距离为 2~5mm（接线注意：棕色接"+"、蓝色接"−"、黑色接 PLC 输入）。

（2）电感式传感器。检测铁质材料，检测距离为 2~5mm（接线注意：棕色接"+"、蓝色接"−"、黑色接 PLC 输入）。

（3）色标传感器。用于检测物料颜色（黄色），检测距离为 3~8mm，通过传感器放大器的电位器调节（接线注意：棕色接"+"、蓝色接"−"、黑色接 PLC 输入）。

（4）编码器。用于向 PLC 发送物料从起点传送到终点所需的脉冲数，用于 PLC 控制变频器的启动和停止。

（5）皮带输送线。由三相交流异步电动机拖动，将物料输送到终点位置。

（6）三相异步电动机。驱动传送带转动，由变频器控制。

B　主要器件

(1) 三相异步电动机：21K10GN-S3/2GN30K AC380V 10W。

(2) 电磁阀：4V110-06。

(3) 调速阀：出气节流式。

(4) 电感传感器：LE4-1K。

(5) 电容传感器：E2K-X8ME1。

(6) 色标传感器：E3S-VS1E4。

(7) 编码器：ZSP3004-001E-200B-5-24C。

1.4.2.5　气动机械手搬运单元

A　主要组成与功能

由气动手爪、异杆气缸、旋转气缸、电磁阀等组成，如图1-28所示，主要完成下列动作：气动机械手手臂下降，气动手爪夹紧物料，机械手手臂上升，机械手旋转到位，机械手手臂下降，气动手爪释放将物料放入运料小车，机械手手臂上升，机械手返回原位，等待下一个物料，重复上面的动作。

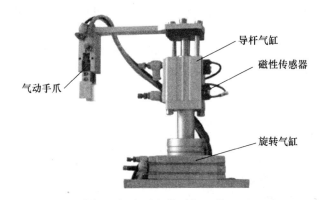

图1-28　气动机械手搬运单元

(1) 气动手爪。完成物料的抓取动作，由单向电控气动阀控制。手爪夹紧时磁性传感器检测到位信号输出到PLC，磁性开关指示灯亮。

(2) 导杆气缸。控制气动手爪的上升和下降，由单向电控气动阀控制。

(3) 旋转气缸。控制机械手的旋转，由单向电控气动阀控制。

(4) 磁性传感器。用于气缸的位置检测。当检测到气缸准确到位后将给PLC传送一个到位信号（磁性传感器接线时注意：蓝色接"-"，棕色接"PLC输入端"）。

B　主要器件

(1) 电磁阀：4V110-06。

(2) 调速阀：出气节流式。

(3) 磁性开关：CS-30E、CS-9D、CS-15T。

(4) 异杆气缸：JTD-32X30-SE2。

(5) 气动手爪：HDP-16-ST1。

（6）旋转气缸：RTB10XSD2-A2。

1.4.2.6　物料传送仓储单元

A　主要组成与功能

由运料小车、货台、步进电机、步进电机驱动器、同步轮、同步带、电磁阀等组成，如图 1-29 所示，主要完成将不同的物料运送到相应的货台上。

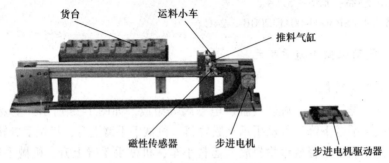

图 1-29　物料传送仓储单元

（1）步进电机及驱动器。用于控制运料小车的运行。通过调整脉冲个数进行精确定位。

（2）推料气缸。将物料推到货台上，由单向电控电磁阀控制。

（3）磁性传感器。用于气缸的位置检测。当检测到气缸准确到位后给 PLC 发送一个到位信号（磁性传感器接线时注蓝色接"−"，棕色接"PLC 输入端"）。

B　主要器件

（1）调速阀：出气节流式。

（2）磁性传感器：CS-120。

（3）单杆气缸：SBA-10X30-SA2。

（4）步进电机：42J1834-810。

（5）步进驱动器：M415B。

1.4.2.7　物料返回单元

A　主要组成与功能

由双轴气缸、伺服电机、伺服电机驱动器、涡轮蜗杆、齿条、电感传感器、限位开关、真空吸盘、真空发生器、电磁阀等组成，如图 1-30 所示，主要完成物料的返回搬运。

（1）伺服电机及驱动器。用于控制涡轮蜗杆运动机构的运行。通过调整脉冲个数进行精确定位。

（2）双轴气缸。配合真空吸盘对货台上的物料进行吸附搬运，由单向电控气动阀控制。

（3）磁性传感器。用于气缸的位置检测。当检测到气缸准确到位后给 PLC 送一个到位信号（磁性传感器接线时注意：蓝色接"−"，棕色接"PLC 输入端"）。

（4）限位开关。用于涡轮蜗杆运动机构的限位。

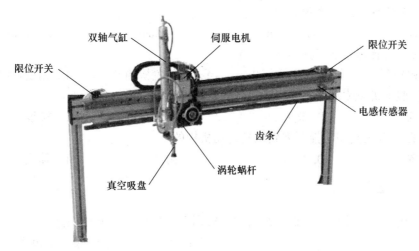

图 1-30　物料返回单元

（5）电感传感器。用于运动机构的定位，在涡轮蜗杆运动机构运动到电感传感器检测位置时，电感传感器向 PLC 发送到位信号。

B　主要器件

（1）速度调节阀：出气节流式。

（2）双轴气缸：DBT-25-250SA2。

（3）伺服电机：R88M-G20030H-S2-Z。

（4）伺服电机驱动器：R7D-BP02HH-Z。

（5）限位开关：V-155-1C25。

（6）电感传感器：GKB-M0524XA。

（7）真空吸盘：PAFS-15-10NBR。

1.4.3　知识检测

1.4.3.1　选择题

（1）传感器一般包括敏感元件和（　　）。

A. 弹性元件　　　　B. 霍尔元件　　　　　C. 光电元件　　　　D. 转换元件

（2）电容传感器的作用是检测（　　）。

A. 铁质材料　　　　B. 颜色　　　　　　　C. 金属材料　　　　D. 物体间距离

（3）电感式传感器的作用是检测（　　）。

A. 铁质材料　　　　B. 颜色　　　　　　　C. 金属材料　　　　D. 物体间距离

（4）色标传感器的作用是用于检测（　　）。

A. 铁质材料　　　　B. 颜色　　　　　　　C. 金属材料　　　　D. 物体间距离

（5）电容传感器的检测距离为（　　）。

A. 3～8mm　　　　 B. 2～5mm　　　　　 C. 4～7mm　　　　 D. 2～6mm

（6）电感式传感器的检测距离为（　　）。

A. 3～8mm　　　　 B. 2～6mm　　　　　 C. 2～5mm　　　　 D. 4～7mm

（7）色标传感器的检测距离为（　　　）。

A. 3~8mm　　　　　　B. 2~5mm　　　　　　C. 4~7mm　　　　　　D. 2~6mm

（8）磁性传感器用于气缸的（　　　）。

A. 里程检测　　　　　B. 速度检测　　　　　C. 位置检测　　　　　D. 角度检测

（9）伺服电机及驱动器主要用于控制涡轮蜗杆运动机构的（　　　）。

A. 启动　　　　　　　B. 运行　　　　　　　C. 停止　　　　　　　D. 速度

（10）限位开关是用于控制涡轮蜗杆运动机构的（　　　）。

A. 位置　　　　　　　B. 限位　　　　　　　C. 角度　　　　　　　D. 速度

1.4.3.2　填空题

（1）光机电一体化控制实训系统由型材实训台、典型光机电气一体化设备机械部件、_____、_____、_____、_____、模拟生产设备实训模块（包含上料单元、皮带输送检测单元、气动机械手搬运单元、物料传送仓储单元、物料返回单元等）、接线端子排、各种传感器、警示灯和气动电磁阀等组成。

（2）上料单元由_____、_____、_____、_____、安装支架等组成。

（3）皮带输送检测单元由_____、三相异步电动机（由变频器控制）、_____、电感传感器、_____、编码器等组成。

（4）电感式传感器接线注意：棕色接"_____"，蓝色接"_____"，黑色接_____输入。

（5）物料返回单元由双轴气缸、_____、伺服电机驱动器、_____、齿条、电感传感器、限位开关、真空吸盘、_____、_____等组成。

模块 2　陶瓷企业简单电气设备的安装与维护

任务 2.1　原料罐供料系统

项目教学目标

知识目标：

（1）了解传感器的结构。

（2）掌握传感器的基本工作原理。

（3）掌握传感器的使用。

技能目标：

（1）能安装电动机控制电路和传感器检测电路。

（2）能够编写控制程序。

素质目标：

（1）具有团队协作精神。

（2）具有良好的职业道德和岗位责任感。

（3）具有良好的学习能力和动手能力。

知识目标

2.1.1　任务描述

设备在正常工作时，需要先由原料罐（见图 2-1）供料系统进给原料，当原料不足时，发出原料不足警报。

图 2-1　原料罐

2.1.1.1　任务分析

这一任务中，需要安装控制电路，达到以下要求：按下启动按钮，如果出料口没有物料，则直流电机启动运行把物料推出，出料口检测到物料时，电机停止。当电机启动 5s 后出料口都未检测到物料，则认为缺料或料盘故障（见图 2-2），此时电机停止并发出警报。

分组合作，分配 I/O 地址，绘制电气原理图，按照原理图完成接线（见图 2-3），并按照任务要求完成 PLC 程序的编写。

图 2-2　料盘

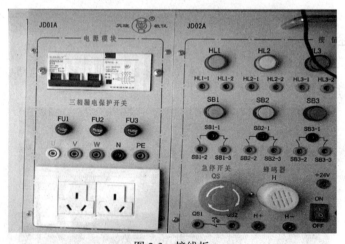

图 2-3　接线板

2.1.1.2　任务材料清单

任务材料清单见表 2-1。

表 2-1 需要器材清单

名 称	型 号	数量	备注
PLC 模块	FX3U—48M	1 台	
电源模块	三相电源总开关（带漏电和短路保护）1个，熔断器 3 只，安全插座 5 个，单相电源插座 2 个	1 套	
接线端子	接线端子和安全插座	若干	
万用表	MF30	1 个	
电工工具	电工工具套件	1 套	
导线	专用连接导线	若干	
内六角扳手	3mm、4mm、6mm、8mm 等套件	1 套	
按钮模块	黄、绿、红按钮各一只，黄、绿、红指示灯各一个，急停按钮一个，蜂鸣器一个	1 套	

2.1.2 知识链接一

THJDQG-2 各工作单元使用的传感器都是接近传感器，它利用传感器对所接近的物体具有的敏感特性来识别物体的接近，并输出相应开关信号，因此，接近传感器通常也称为接近开关。

接近传感器有多种检测方式，包括利用电磁感应引起的检测对象的金属体中产生的涡电流的方式、捕捉检测体的接近引起的电气信号的容量变化的方式、利用磁石和引导开关的方式、利用光电效应和光电转换器件作为检测元件等。YL-335B 使用的是磁感应式接近开关（或称磁性开关）、电感式接近开关、漫反射光电开关和光纤型光电传感器等。这里只介绍磁性开关、电感式接近开关和漫反射光电开关，光纤型光电传感器留待在装配单元实训项目中介绍。

2.1.2.1 磁性开关

THJDQG-2 使用的气缸都是带磁性开关的气缸。这些气缸的缸筒采用导磁性弱、隔磁性强的材料，如硬铝、不锈钢等。在非磁性体的活塞上安装一个永久磁铁的磁环，这样就提供了一个反映气缸活塞位置的磁场。安装在气缸外侧的磁性开关是用来检测气缸活塞位置，即检测活塞的运动行程的。

有触点式的磁性开关用舌簧开关作磁场检测元件。舌簧开关成型于合成树脂块内，并且一般还有动作指示灯、过电压保护电路也塑封在内。图 2-4 所示为带磁性开关气缸的工作原理图。当气缸中随活塞移动的磁环靠近开关时，舌簧开关的两根簧片被磁化而相互吸引，触点闭合；当磁环移开开关后，簧片失磁，触点断开。触点闭合或断开时发出电控信号，在 PLC 的自动控制中，可以利用该信号判断推料及顶料缸的运动状态或所处的位置，以确定工件是否被推出或气缸是否返回。

在磁性开关上设置的 LED 显示用于显示其信号状态，供调试时使用。磁性开关动作时，输出信号"1"，LED 亮；磁性开关不动作时，输出信号"0"，LED 不亮。

磁性开关的安装位置可以调整，调整方法是松开它的紧定螺栓，让磁性开关顺着气缸

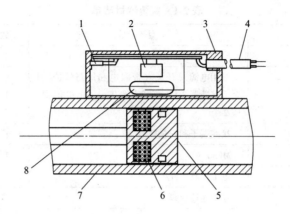

图 2-4　带磁性开关气缸的工作原理图

1—动作指示灯；2—保护电路；3—开关外壳；4—导线；5—活塞；
6—磁环（永久磁铁）；7—缸筒；8—舌簧开关

滑动，到达指定位置后，再旋紧紧定螺栓。

　　磁性开关有蓝色和棕色 2 根引出线，使用时蓝色引出线应连接到 PLC 输入公共端，棕色引出线应连接到 PLC 输入端。磁性开关的内部电路如图 2-5 中虚线框内所示，实物如图 2-6 所示。

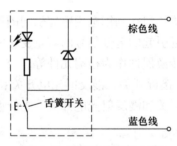

图 2-5　磁性开关内部电路

(a)　　　　　　　　　　　(b)

图 2-6　THJDQG-2 中用到的磁性开关

(a) D-C73 型磁性开关；(b) D-Z73 型磁性开关

2.1.2.2　接近开关

A　光电式接近开关

"光电传感器"是利用光的各种性质，检测物体的有无和表面状态的变化等的传感器。其中输出形式为开关量的传感器为光电式接近开关。

光电式接近开关主要由光发射器和光接收器构成。如果光发射器发射的光线因检测物体不同而被遮掩或反射，到达光接收器的量将会发生变化。光接收器的敏感元件将检测出这种变化，并转换为电气信号进行输出。大多使用可视光（主要为红色，也用绿色、蓝色来判断颜色）和红外光。

按照接收器接收光的方式的不同，光电式接近开关可分为对射式、反射式和漫射式 3 种，如图 2-7 所示。

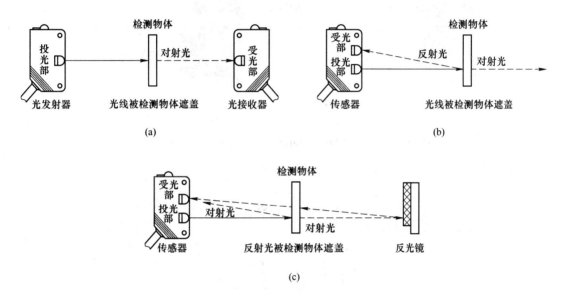

图 2-7　光电式接近开关

（a）对射式光电接近开关；（b）漫射式（漫反射式）光电接近开关；（c）反射式光电接近开关

B　漫射式光电开关

漫射式光电开关是利用光照射到被测物体上后反射回来的光线而工作的，由于物体反射的光线为漫射光，故称为漫射式光电接近开关。它的光发射器与光接收器处于同一侧位置，且为一体化结构。在工作时，光发射器始终发射检测光，若接近开关前方一定距离内没有物体，则没有光被反射到接收器，接近开关处于常态而不动作；反之，若接近开关的前方一定距离内出现物体，只要反射回来的光强度足够，则接收器接收到足够的漫射光就会使接近开关动作而改变输出的状态。图 2-7（b）所示为漫射式光电接近开关的工作原理示意图。主要用于检测工件不足或工件有无的漫射式光电接近开关选用神视或 OMRON 公司的 CX-441 或 E3Z-L61 型放大器内置型光电开关（细小光束型，NPN 型晶体管集电极开路输出）。该光电开关的外形和顶端面上的调节旋钮和显示灯如图 2-8 所示。

图 2-8 中动作选择开关的功能是选择受光动作（Light）或遮光动作（Drag）模式。即当此开关按顺时针方向充分旋转时（L 侧），则进入检测 ON 模式；当此开关按逆时针方向充分旋转时（D 侧），则进入检测 OFF 模式。

距离设定旋钮是 5 回转调节器，调整距离时注意逐步轻微旋转，否则若充分旋转距离调节器会空转。调整的方法是，首先按逆时针方向将距离调节器充分旋到最小检测距离（E3Z-L61 约 20mm），然后根据要求距离放置检测物体，按顺时针方向逐步旋转距离调节器，找到传感器进入检测条件的点；拉开检测物体距离，按顺时针方向进一步旋转距离调节器，找到传感器再次进入检测状态，一旦进入，向后旋转距离调节器直到传感器回到非检测状态的点。两点之间的中点为稳定检测物体的最佳位置。

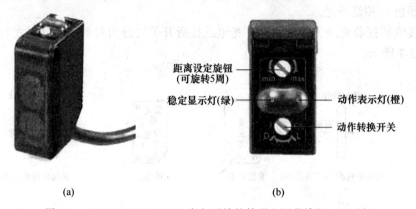

(a)   (b)

图2-8 CX-441（E3Z-L61）光电开关的外形和调节旋钮、显示灯

图2-9所示为该光电开关的内部电路原理框图。

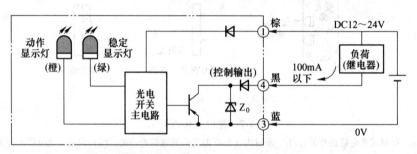

图2-9 CX-441（E3Z-L61）光电开关电路原理图

用来检测物料台上有无物料的光电开关是一个圆柱形漫射式光电接近开关，工作时向上发出光线，从而透过小孔检测是否有工件存在，该光电开关选用SICK公司产品MHT15-N2317型，其外形如图2-10所示。

图2-10 MHT15-N2317 光电开关外形

接近开关的图形符号如下：

部分接近开关的图形符号如图2-11所示。图2-11（a）、（b）、（c）三种情况均使用NPN型三极管集电极开路输出。如果是使用PNP型的，正负极性应反过来。

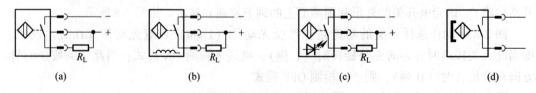

(a)   (b)   (c)   (d)

图2-11 接近开关的图形符号

（a）通用图形符号；（b）电感式接近开关；（c）光电式接近开关；（d）磁性开关

2.1.3 知识链接二

2.1.3.1 工艺要求及任务实施

料盘结构及组成零件如图 2-12 所示，通过调整螺母的位置，可以有效改变弹簧对滑动部件、摩擦片、旋转套的连接预压力，以改变旋转套的输出扭矩，使其既能有效驱动料盘内的工件，又能保证工件对弧片的阻力过大时，旋转套相对于电机输出轴相对滑动，使其有效保护电机输出不过载。

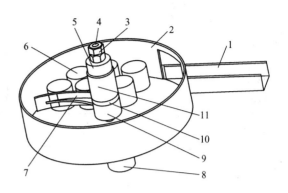

图 2-12 料盘结构

1—出料口；2—料盘；3—锁紧螺母；4—延长轴；
5—弹簧盖；6—工件；7—弧长；8—直流电机；
9—旋转套；10—摩擦片；11—滑动部件

2.1.3.2 任务实施

（1）分配 I/O 地址见表 2-2。

表 2-2 I/O 地址

输入地址			输出地址		
序号	地址	备　注	序号	地址	备　注
1	X0	启动	1	Y0	驱动盘电机
2	X1	停止	2	Y1	运行指示灯（绿）
3	X2	物料传感器	3	Y2	停止指示灯（红）
			4	Y3	缺料报警（蜂鸣器）

（2）PLC 接线图如图 2-13 所示。

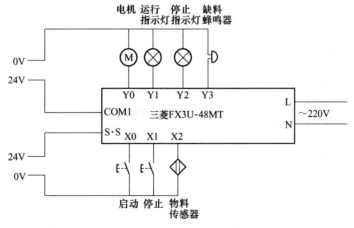

图 2-13 PLC 接线图

（3）PLC 程序如图 2-14 所示。

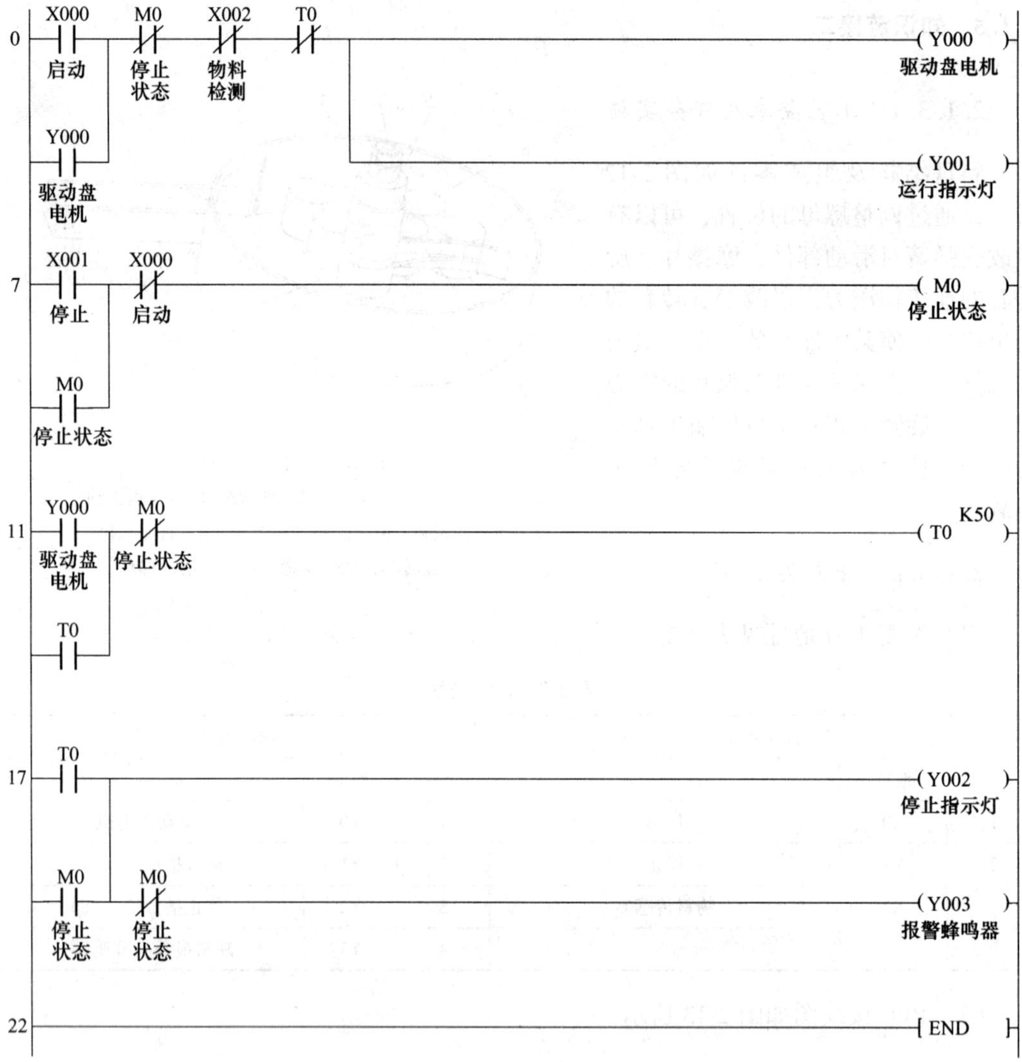

图 2-14　PLC 程序

2.1.3.3　任务评价

电路安装任务过程训练评价表见表 2-3。

表 2-3　电路安装任务过程训练评价表

序号	工作过程	工作内容	评分标准	配分	学生自评		教师	
					扣分	得分	扣分	得分
1	资讯	相关知识查找	查找相关知识，初步了解	10				
			基本掌握相关知识					
			较好掌握相关知识					

序号	工作过程	工作内容	评分标准	配分	学生自评		教师	
					扣分	得分	扣分	得分
2	决策	编写计划	制定整体设计方案，修改一次扣2分	10				
			制定整体设计方案，修改两次扣5分					
3	实施	记录步骤	实施中步骤记录不完整达到10%，扣2分	10				
			实施中步骤记录不完整达到30%，扣3分					
			实施中步骤记录不完整达到50%，扣5分					
4	结果评价	元件检查	不能用仪表检查元件好坏，扣2分	5				
			仪表使用方法不正确，扣3分					
		布线	接线不紧固、接点松动，每处扣5分	25				
			不符合安装工艺规范，每处扣5分					
			不按图接线，每处扣5分					
		调试效果	1. 第一次调试不成功扣10分	30				
			2. 第二次调试不成功扣20分					
			3. 第三次调试不成功扣30分					
5	职业规范，团队合作	安全文明生产，交流合作，组织协调	1. 不遵守教学场所规章制度，扣2分	10				
			2. 出现重大事故或人为损坏设备扣10分					
			3. 出现短路故障扣5分					
			4. 实训后不清理、整理现场扣3分					
合计				100				

学生自评

　　　　　　　　　　　　　　　　　签字　　　　日期

教师评语

　　　　　　　　　　　　　　　　　签字　　　　日期

2.1.4　知识检测

（1）对射式光电开关和漫射式光电开关的区别是什么？

（2）金属传感器的优点是什么？

（3）电感式接近开关能否检测非金属物体，为什么？

任务 2.2　原料罐位置控制系统

项目教学目标

知识目标：

掌握气动系统的相关知识。

技能目标：

能够完成气动限位的自动控制。

素质目标：

学习能力、团队合作能力、文明生产意识。

知识目标

2.2.1　任务描述

在陶瓷企业中，液压泵在进行往返运动过程中为了不使泵超出行程，通常都会对泵的极限位置和最大行程进行限制，如图 2-15 所示。

图 2-15　液压泵

2.2.1.1　任务分析

需要安装控制电路，达到以下要求：按下启动按钮，搬运手气缸伸出，当到达限位时气缸缩回，缩回到位后停止。

请分组合作，分配 I/O 地址，绘制电气原理图，按照原理图完成接线，并按照任务要求完成 PLC 程序的编写。

2.2.1.2　任务材料清单

任务材料清单见表 2-4。

表 2-4 需要器材清单

名 称	型 号	数量	备注
PLC 模块	FX3U-48M	1 台	
电源模块	三相电源总开关（带漏电和短路保护）1个，熔断器 3 只，安全插座 5 个，单相电源插座 2 个	1 套	
接线端子	接线端子和安全插座	若干	
万用表	MF30	1 个	
电工工具	电工工具套件	1 套	
导线	专用连接导线	若干	
内六角扳手	3mm、4mm、6mm、8mm 等套件	1 套	
按钮模块	黄、绿、红按钮各一只，黄、绿、红指示灯各一个，急停按钮一个，蜂鸣器一个	1 套	
双作用气缸		1 个	
气管		若干	
磁性开关	D-Z73	两个	
电磁阀	两位四通电磁换向阀	两个	
气源装置		1 套	

2.2.2 知识链接一

气动系统由以下几种元件及装置组成：

（1）气源装置。压缩空气的发生装置以及压缩空气存储、净化的辅助装置，为系统提供合乎质量要求的压缩空气。

（2）执行元件。将气体压力能转换成机械能并完成动作的元件，如气缸、气马达。

（3）控制元件。控制气体压力、流量及运动方向的元件，如各种阀类；能完成一定逻辑功能的元件，如气动传感器及信号处理装置。

（4）气动辅件。气动系统中的辅助元件，如消声器、管道、接头等。

2.2.2.1 气源装置

气压传动系统中的气源装置为气动系统提供满足一定质量要求的压缩空气，它是气压传动系统的重要组成部分。

一般对压缩空气的要求为：（1）要求压缩空气具有一定的压力和足够的流量。（2）要求压缩容器有一定的清洁度和干燥度。

因此，气源装置必须设置一些除油、除水、除尘，并使压缩空气干燥，提高压缩空气质量，进行气源净化处理的辅助装备。

气源系统一般包括空气压缩机、冷却器、油水分离器、储气罐、干燥器和过滤器装置。

2.2.2.2 气缸的工作

气缸是执行元件中最常用的元件之一，一般分为单作用气缸和双作用气缸。

一般使用磁性开关来检测气缸活塞的位置。

在气缸的进气口位置通常会安装一个节流阀以控制气缸的动作速度。

A　标准双作用直线气缸

标准气缸是指气缸的功能和规格是普遍使用的、结构容易制造的、制造厂通常作为通用产品供应市场的气缸。

双作用气缸是指活塞的往复运动均由压缩空气来推动。图 2-16 所示为标准双作用直线气缸的半剖面图。图 2-16 中，气缸的两个端盖上都设有进排气通口，从无杆侧端盖气口进气时，推动活塞向前运动；反之，从杆侧端盖气口进气时，推动活塞向后运动。

双作用气缸具有结构简单、输出力稳定、行程可根据需要选择的优点，但由于是利用压缩空气交替作用于活塞上实现伸缩运动的，回缩时压缩空气的有效作用面积较小，所以产生的力要小于伸出时产生的推力。

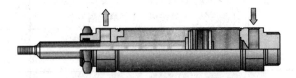

图 2-16　双作用气缸工作示意图

为了使气缸的动作平稳可靠，应对气缸的运动速度加以控制，常用的方法是使用单向节流阀来实现。

单向节流阀是由单向阀和节流阀并联而成的流量控制阀，常用于控制气缸的运动速度，所以也称为速度控制阀。

图 2-17 所示为在双作用气缸装上两个单向节流阀的连接示意图，这种连接方式称为排气节流方式。即当压缩空气从 A 端进气、从 B 端排气时，单向节流阀 A 的单向阀开启，向气缸无杆腔快速充气；由于单向节流阀 B 的单向阀关闭，有杆腔的气体只能经节流阀排气，调节节流阀 B 的开度便可以改变气缸伸出时的运动速度。反之，调节节流阀 A 的开度可改变气缸缩回时的运动速度。这种控制方式活塞运行稳定，是最常用的方式。

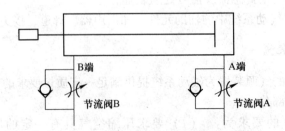

图 2-17　节流阀连接和调整原理示意图

节流阀上带有气管的快速接头，只要将合适外径的气管往快速接头上一插就可以将管连接好了，使用时十分方便。图 2-18 所示为安装了带快速接头的限出型气缸节流阀的气缸外观。

B　单电控电磁换向阀、电磁阀组

如前所述，顶料或推料气缸，其活塞的运动是依靠向气缸一端进气，并从另一端排

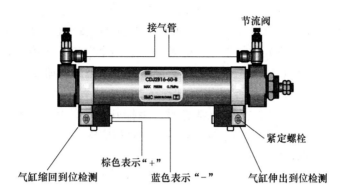

图 2-18　安装上气缸节流阀的气缸

气，再反过来，从另一端进气，一端排气来实现的。气体流动方向的改变由能改变气体流
动方向或通断的控制阀，即方向控制阀，加以控制。在自动控制中，方向控制阀常采用电
磁控制方式实现方向控制，称为电磁换向阀。

　　电磁换向阀是利用其电磁线圈通电时静铁芯对动铁芯产生的电磁吸力使阀芯切换，达
到改变气流方向的目的。图 2-19 所示为一个单电控二位三通电磁换向阀的工作原理示意。

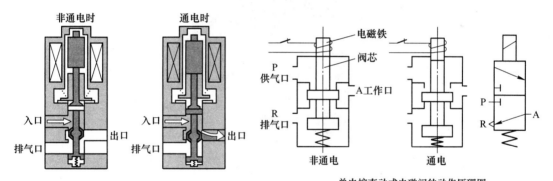

图 2-19　单电控电磁换向阀的工作原理

　　所谓"位"指的是为了改变气体方向，阀芯相对于阀体所具有的不同的工作位置；
"通"的含义指换向阀与系统相连的通口，有几个通口即为几通。图 2-19 中只有两个工作
位置，及供气口 P、工作口 A 和排气口 R，故为二位三通阀。

　　图 2-20 所示分别为二位三通、二位四通和二位五通单控电磁换向阀的图形符号，图
形中有几个方格就是几位，方格中的"┬"和"┴"符号表示各接口互不相通。

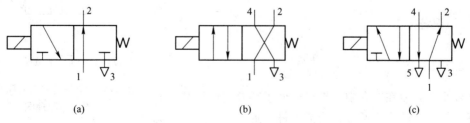

图 2-20　部分单控电磁换向阀的图形符号

（a）二位三通阀；（b）二位四通阀；（c）二位五通阀

THJDQG-2 所有工作单元的执行气缸都是双作用气缸，因此控制它们工作的电磁阀需要有 2 个工作口和 2 个排气口以及 1 个供气口，故使用的电磁阀均为二位五通电磁阀。

供料单元用了一个二位五通的单电控电磁阀。这两个电磁阀带有手动换向和加锁钮，有锁定（LOCK）和开启（PUSH）2 个位置。用小螺丝刀把加锁钮旋到 LOCK 位置时，手控开关向下凹进去，不能进行手控操作。只有在 PUSH 位置，可用工具向下按，信号为"1"，等同于该侧的电磁信号为"1"；常态时，手控开关的信号为"0"。在进行设备调试时，可以使用手控开关对阀进行控制，从而实现对相应气路的控制，以改变推料缸等执行机构的控制，达到调试的目的。

两个电磁阀是集中安装在汇流板上的。汇流板中两个排气口末端均连接了消声器，消声器的作用是减少压缩空气在向大气排放时的噪声。这种将多个阀与消声器、汇流板等集中在一起构成的一组控制阀的集成称为阀组，而每个阀的功能是彼此独立的，阀组的结构如图 2-21 所示。

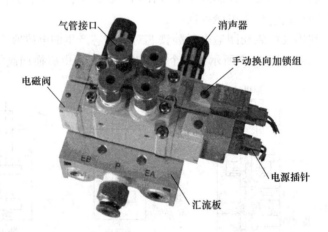

图 2-21　电磁阀

C　气动控制回路

气动控制回路是本工作单元的执行机构，该执行机构的控制逻辑控制功能是由 PLC 实现的。气动控制回路的工作原理如图 2-22 所示。图中为推料气缸和顶料气缸。安装在推料缸的两个极限工作位置的磁感应接近开关，安装在顶料缸的两个极限工作位置的磁感应接近开关。通常，这两个气缸的初始位置均设定在缩回状态。

2.2.3　知识链接二

2.2.3.1　任务实施

工件垂直叠放在料仓中，推料缸处于料仓的底层并且其活塞杆可从料仓的底部通过。当活塞杆在退回位置时，它与最下层工件处于同一水平位置。在需要将工件推出到物料台上时，使推料气缸活塞杆推

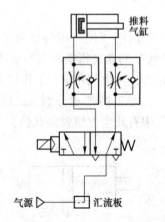

图 2-22　供料单元气动控制回路工作原理图

出，从而把最下层工件推到皮带轮上，如图 2-23 所示。料仓中的工件在重力的作用下，就自动向下移动一个工件，为下一次推出工件做好准备。在底座位置，安装一个漫射式光电开关。它们的功能是检测料仓中有无储料。若该部分机构内没有工件，则处于底层的漫射式光电接近开关均处于常态。这样，料仓中有无储料就可用这光电接近开关的信号状态反映出来。当有物料或者物料充足时，警示灯绿灯常亮，没有物料时，延时 10s 后，警示灯黄灯以 1Hz 频率闪烁，放入物料后闪烁自动停止。

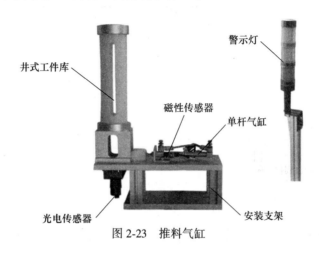

图 2-23　推料气缸

（1）分配 I/O 地址见表 2-5。

表 2-5　I/O 地址

输入地址			输出地址		
序号	地址	备注	序号	地址	备注
1	X0	启动	1	Y0	伸出电磁阀
2	X1	停止	2	Y1	缩回电磁阀
3	X2	气缸缩回到位	3	Y2	运行指示灯
4	X3	气缸伸出到位	4	Y3	停止指示灯

（2）PLC 接线图如图 2-24 所示。

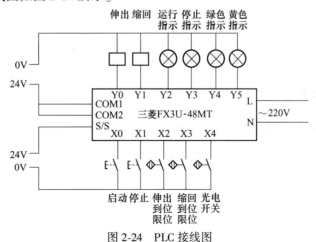

图 2-24　PLC 接线图

（3）PLC 程序如图 2-25 所示。

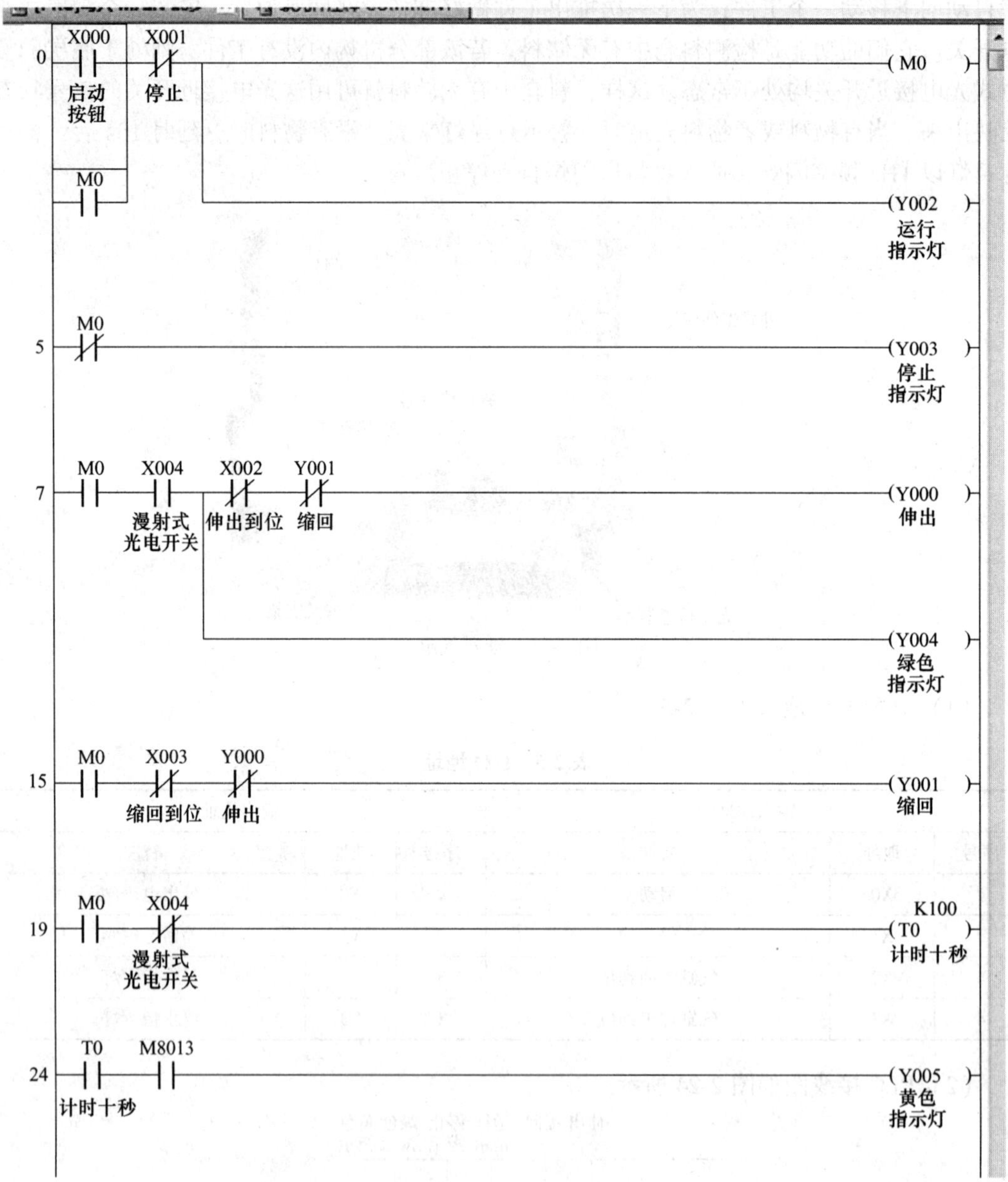

图 2-25   PLC 程序

2.2.3.2   任务评价

电路安装任务过程训练评价表见表 2-6。

2.2.4   知识检测

（1）作为气源的压缩空气需要满足什么要求？

（2）单作用气缸的特点是什么？

表 2-6 电路安装任务过程训练评价表

序号	工作过程	工作内容	评分标准	配分	学生自评		教师	
					扣分	得分	扣分	得分
1	资讯	相关知识查找	查找相关知识，初步了解	10				
			基本掌握相关知识					
			较好掌握相关知识					
2	决策	编写计划	制定整体设计方案，修改一次扣 2 分	10				
			制定整体设计方案，修改两次扣 5 分					
3	实施	记录步骤	实施中步骤记录不完整达到 10%，扣 2 分	10				
			实施中步骤记录不完整达到 30%，扣 3 分					
			实施中步骤记录不完整达到 50%，扣 5 分					
4	结果评价	元件检查	不能用仪表检查元件好坏，扣 2 分	5				
			仪表使用方法不正确，扣 3 分					
		布线	接线不紧固、接点松动，每处扣 5 分	25				
			不符合安装工艺规范，每处扣 5 分					
			不按图接线，每处扣 5 分					
		调试效果	1. 第一次调试不成功扣 10 分	30				
			2. 第二次调试不成功扣 20 分					
			3. 第三次调试不成功扣 30 分					
5	职业规范，团队合作	安全文明生产，交流合作，组织协调	1. 不遵守教学场所规章制度，扣 2 分	10				
			2. 出现重大事故或人为损坏设备扣 10 分					
			3. 出现短路故障扣 5 分					
			4. 实训后不清理、整理现场扣 3 分					
合计				100				

学生自评

签字　　　　日期

教师评语

签字　　　　日期

（3）二位五通电磁换向阀和二位二通电磁阀的电磁阀线圈是否需要一直通电，为什么？

（4）如果空气压缩机在工作中突然断掉了电源，那么它还能不能继续供气？

任务 2.3　打包整形机控制系统

项目教学目标

知识目标：
掌握打包控制系统的相关知识。

技能目标：
能够完成打包控制的自动控制。

素质目标：
学习能力、团队合作能力、文明生产意识。

知识目标

2.3.1　任务描述

在产品的生产完成后，需要对完成的产品进行打包整形。一般来说，生产线输送出来的工件都是单件，而包装需求通常是要几个工件堆叠一起做包装。在完成包装后，一般还需要做计数以记录已产出的成品数量。陶瓷打包整形机如图 2-26 所示。

图 2-26　陶瓷打包整形机

在本次实训中，需要控制两个气缸完成模拟包装任务，其包装动作为：气缸 1 伸出后缩回—气缸 2 伸出后缩回。

2.3.1.1　任务分析

需要安装控制电路，达到以下要求：按下启动按钮，上料气缸伸出，当碰到上料气缸伸出限位传感器后缩回；上料气缸缩回后吸料气缸伸出，在碰到吸料气缸伸出限位传感器后缩回，系统停止，以此完成一个流程，在系统运行期间，运行指示灯亮。完成一个流程后计数已完成的流程数，当完成 3 个流程后，暂停指示灯亮，需要按下停止按钮重置计数器方可开始新的流程。

请分组合作，分配 I/O 地址，绘制电气原理图，按照原理图完成接线，并按照任务要

求完成 PLC 程序的编写。

2.3.1.2 任务材料清单

需要器材清单见表 2-7。

表 2-7 需要器材清单

名　称	型　号	数量	备注
PLC 模块	FX3U-48M	1 台	
电源模块	三相电源总开关（带漏电和短路保护）1 个，熔断器 3 只，安全插座 5 个，单相电源插座 2 个	1 套	
接线端子	接线端子和安全插座	若干	
万用表	MF30	1 个	
电工工具	电工工具套件	1 套	
导线	专用连接导线	若干	
内六角扳手	3mm、4mm、6mm、8mm 等套件	1 套	
按钮模块	黄、绿、红按钮各 1 只，黄、绿、红指示灯各 1 个，急停按钮 1 个，蜂鸣器 1 个	1 套	
单作用气缸	SBA-10×60-SA2	2 个	
警示灯	JD501-L01R024	3 个	
磁性开关	Cs-120	6 个	

2.3.2 知识链接一

2.3.2.1 气动三联件

在气源空压机部分已经进行了压缩空气的净化处理，但在使用前，还要再做进一步的处理才接往气动装置，一般使用气动二联件或三联件进行使用前的处理。

气动三联件一般指空气过滤器、减压阀、油雾器，气动三联件原理图如图 2-27 所示，有些品牌的电磁阀和气缸能够实现无油润滑（靠润滑脂实现润滑功能），可不使用油雾器。空气过滤器和减压阀组合在一起可以称为气动二联件。还可以将空气过滤器和减压阀集装在一起，便成为过滤减压阀（功能与空气过滤器和减压阀结合起来使用一样）。有些场合不允许压缩空气中存在油雾，则需要使用油雾分离器将压缩空气中的油雾过滤掉。总之，这几个元件可以根据需要进行选择，并可以将它们组合起来使用。

其中减压阀可对气源进行稳压，使气源处于恒定状态，可减小因气源气压突变时对阀门或执行器等硬件的损伤。过滤器用于对气源的清洁，可过滤压缩空气中的水分，避免水分随气体进入装置。油雾器可对机体运动部件进行润滑，可以对不方便加润滑油的部件进行润滑，大大延长机体的使用寿命。

（1）过滤器。主要作用是分离并收集杂质，其带斜槽的切口使得压缩空气进入之后发生强烈的旋转，空气中的液态水和固体颗粒随着旋转的离心作用分离并沉积下来，过滤

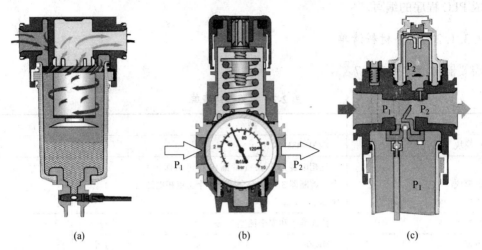

图 2-27　气动三联件原理图

(a) 过滤器；(b) 调压阀；(c) 油雾器

器中的挡水板使得分离出的水和固体颗粒不会黏附在过滤器壁上。在过滤器底部是其分离出来的水和杂质的排放口，在正常工作时排放口并不会开放，只有在工作初始过滤器内气压不高时排放口会自动打开。如果在工作过程中发现过滤器内的杂质堆积得过多，可以手动打开排放口排放杂质，以避免水面太高而污染过滤器阀芯。

(2) 调压阀。调压阀的作用是把从气源装置过来的压缩空气变压到适合工作的空气压力。如图 2-27 (b) 所示，把气源过来的气压 P_1 调节为工作气压 P_2，当调压阀前后流量不变化时，气压稳定在 P_2；当流量发生变化时，调压阀自动调节相应的开度以保证气压稳定在 P_2。需要注意的是，调压阀并不具备增压功能，也就是说，如果气源气压 P_1 小于工作气压 P_2，那么调压阀会把阀芯开度开满，此时 $P_2 = P_1$。工作需要的气压值 P_2 可以通过调压阀上的压力表调节，其调节方法一般需要先把调节旋钮上拔，然后才能进行旋转调压，顺时针旋转是增大压力，调节好压力后，把旋钮按下以实现锁定。

2.3.2.2　气动原理及原理图

(1) 气动执行元件部分为单杆气缸、气动手爪、导杆气缸、旋转气缸。

(2) 气动控制元件部分为单控电磁阀。

(3) 气缸示意图如图 2-28 所示。

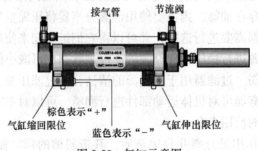

图 2-28　气缸示意图

注：气缸的正确运动推动物料到达相应的位置，以要交换进出气的方向（由单控电磁阀实现）就能改变气缸的伸出、缩回运动，气缸两侧的磁性开关用于检测气缸是否已经运动到位。

2.3.2.3 单控电磁阀示意图

单电控的阀有一个线圈，通电时换成另一个状态，不通电时自动还原到原始状态。在气路（或液路）上来说，两位三通电磁阀具有1个进气孔（接进气气源）、1个出气孔（提供给目标设备气源）、1个排气孔（一般安装一个消声器，如果不怕噪声的话也可以不装）。对于小型自动控制设备，气管一般选用8～12mm的工业胶气管。电磁阀一般选用日本SMC（高档一点）或其他国产品牌等。在电气上来说，两位三通电磁阀一般为单电控（即单线圈）。线圈电压等级一般采用DC24V、AC220V等。两位三通电磁阀分为常闭型和常开型两种，常闭型指线圈没通电时气路是断的，常开型指线圈没通电时气路是通的。

常闭型两位三通电磁阀动作原理：给线圈通电，气路接通，线圈一旦断电，气路就会断开，这相当于"点动"。

常开型两位三通单电控电磁阀动作原理：给线圈通电，气路断开，线圈一旦断电，气路就会接通，这也是"点动"。单控电磁阀如图2-29所示。

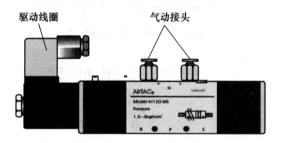

图2-29 单控电磁阀示意图

注：单控电磁阀用来控制气缸单向运动，实现气缸的伸出、缩回运动。与双控电磁阀的区别在于：双控电磁阀初始位置是任意，可以控制两个位置；而单控电磁阀初始位置是固定的，只能控制一个方向。

2.3.3 知识链接二

2.3.3.1 任务实施

（1）分配I/O地址，见表2-8。

表2-8 I/O地址

输入地址			输出地址		
序号	地址	备 注	序号	地址	备 注
1	X2	启动	1	Y4	上料气缸电磁阀
2	X3	停止	2	Y11	吸料气缸电磁阀
3	X16	上料气缸回位限位传感器	3	Y14	运行指示灯

输入地址			输出地址		
序号	地址	备 注	序号	地址	备 注
4	X17	上料气缸伸出限位传感器	4	Y15	停止指示灯
5	X24	吸料气缸回位限位传感器	5	Y16	暂停指示灯
6	X25	吸料气缸伸出限位传感器			

（2）PLC 接线图。PLC 硬件接线图如图 2-30 所示。

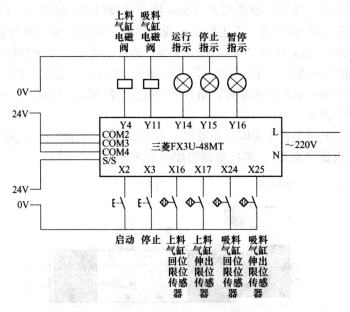

图 2-30　PLC 硬件接线图

（3）PLC 程序。系统 PLC 程序如图 2-31 所示。

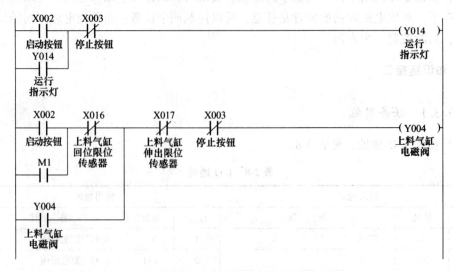

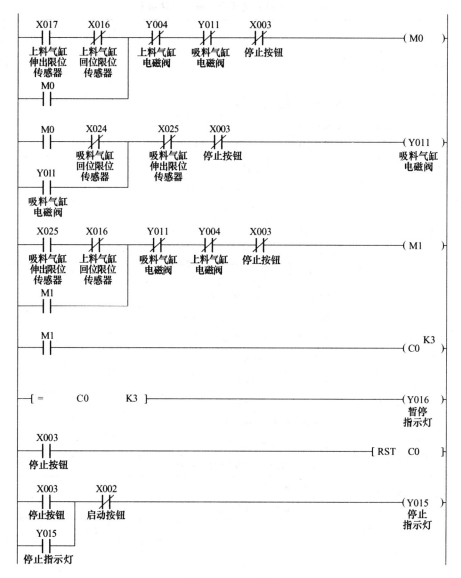

图 2-31　PLC 程序

2.3.3.2　任务评价

任务评价见表 2-9。

2.3.4　知识检测

（1）气动三联件的作用是什么？

（2）请简述操作调压阀调压的操作步骤。

（3）如果气源气压小于调压阀设定的气压值，那么调压阀能不能把气压升到设定气压值，为什么？

表 2-9　电路安装任务过程训练评价表

序号	工作过程	工作内容	评分标准	配分	学生自评		教师	
					扣分	得分	扣分	得分
1	资讯	相关知识查找	查找相关知识，初步了解	10				
			基本掌握相关知识					
			较好掌握相关知识					
2	决策	编写计划	制定整体设计方案，修改一次扣 2 分	10				
			制定整体设计方案，修改两次扣 5 分					
3	实施	记录步骤	实施中步骤记录不完整达到 10%，扣 2 分	10				
			实施中步骤记录不完整达到 30%，扣 3 分					
			实施中步骤记录不完整达到 50%，扣 5 分					
4	结果评价	元件检查	不能用仪表检查元件好坏，扣 2 分	5				
			仪表使用方法不正确，扣 3 分					
		布线	接线不紧固、接点松动，每处扣 5 分	25				
			不符合安装工艺规范，每处扣 5 分					
			不按图接线，每处扣 5 分					
		调试效果	1. 第一次调试不成功扣 10 分	30				
			2. 第二次调试不成功扣 20 分					
			3. 第三次调试不成功扣 30 分					
5	职业规范，团队合作	安全文明生产，交流合作，组织协调	1. 不遵守教学场所规章制度，扣 2 分	10				
			2. 出现重大事故或人为损坏设备扣 10 分					
			3. 出现短路故障扣 5 分					
			4. 实训后不清理、整洁现场扣 3 分					
合计				100				

学生自评

　　　　　　　　　　　　　　　　　　　　　　　　签字　　　　日期

教师评语

　　　　　　　　　　　　　　　　　　　　　　　　签字　　　　日期

任务 2.4　传送带输送系统

项目教学目标

知识目标：

（1）掌握皮带传送系统的相关知识。

（2）掌握变频器的基本使用方法。

技能目标：

能够完成电机定时运行的自动控制。

素质目标：

学习能力、团队合作能力、文明生产意识。

知识目标

2.4.1　任务描述

在生产系统中，传送带是物料搬运系统的重要组成部分，其组成包括传送带、传送架和牵引电机，由电机驱动传送带运行，如图 2-32 所示。

图 2-32　陶瓷成品搬运传送带

在本节实训中，以传送分拣站作为实训目标，如图 2-33 所示，假设有一个工件进入了传送带，需要控制整个传送系统把该工件传送到指定位置。

图 2-33　THJDQG 实训设备的传送系统

2.4.1.1 任务分析

需要安装控制电路,达到以下要求:按下启动按钮,变频器驱动电机运行 N 秒,通过皮带传送把进料口的工件搬运到推料口后停止,如果进料口有料则进行推料;没有料气缸不推料;如果运行过程中按下停止按钮,电机也立即停止。

请分组合作,分配 I/O 地址,绘制电气原理图,按照原理图完成接线,并按照任务要求完成 PLC 程序的编写。

2.4.1.2 任务材料清单

任务材料清单见表 2-10。

表 2-10 需要器材清单

名 称	型 号	数量	备注
PLC 模块	FX3U-48M	1 台	
电源模块	三相电源总开关(带漏电和短路保护)1 个,熔断器 3 只,安全插座 5 个,单相电源插座 2 个	1 套	
接线端子	接线端子和安全插座	若干	
万用表	MF30	1 个	
电工工具	电工工具套件	1 套	
导线	专用连接导线	若干	
内六角扳手	3mm、4mm、6mm、8mm 等套件	1 套	
按钮模块	黄、绿、红按钮各 1 只,黄、绿、红指示灯各 1 个,急停按钮 1 个,蜂鸣器 1 个	1 套	
变频器	三菱 FR-E740	1 台	
三相异步电机	约 380V 50Hz	1 台	
单作用气缸	SBA-10×60-SA2	1 个	
警示灯	JD501-L01R024	3 个	
磁性开关	Cs-120	2 个	

2.4.2 知识链接一

2.4.2.1 变频器基本概念

变频器是一种将固定频率的交流电变换成频率、电压连续可调的交流电,以供给电动机运转的电源装置。变频器分为交-交变频器和交-直-交变频器两类。在 THJDQG 实训设备中,使用三菱的 FR-E700 变频器驱动传送带电机。

2.4.2.2　变频器接线方式

如图 2-34 所示，变频器的主电路接线都是接由三相输入电源和三相输出至电机，但不同产商的变频器，其控制端子接线也不同，以达到各种控制电机的需求。

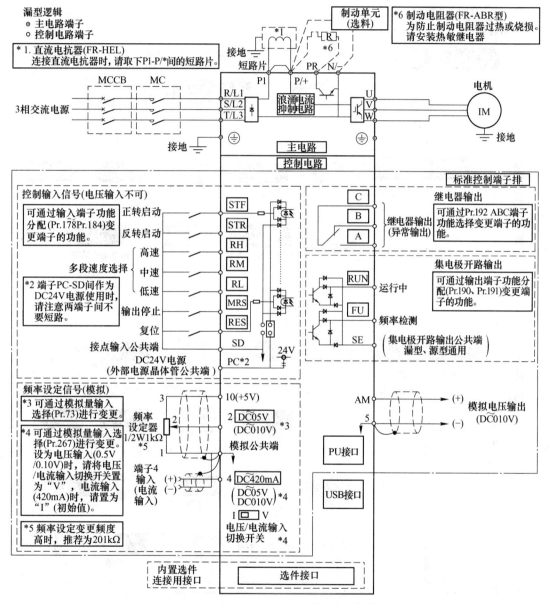

图 2-34　三菱 FR-E700 端子接线图

2.4.2.3　变频器参数的设定

变频器的参数设定在调试过程中是十分重要的。由于参数设定不当，不能满足生产的需要，导致启动、制动的失败，或工作时常跳闸，严重时会烧毁功率模块 IGBT 或整流桥等器件。变频器的品种不同，参数量亦不同。一般单一功能控制的变频器约 50~60 个参数值，多功能控制的变频器有 200 个以上的参数。但不论参数多少，在调试中只需要设定需要用到的相关参数，其他参数使用默认值就可以了。一般建议在设定参数之前先进行参数复位，如图 2-35 所示。

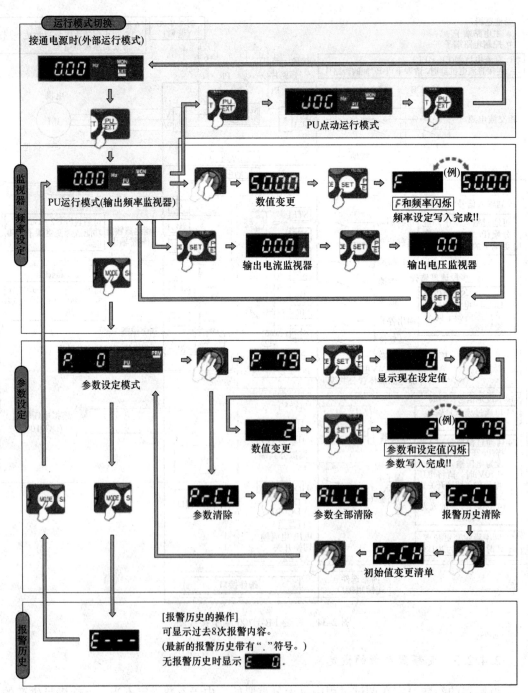

图 2-35　三菱 FR-E700 变频器的复位步骤

进行完参数复位后，就可以做参数的修改了，如图 2-36 所示为变频器参数修改步骤。

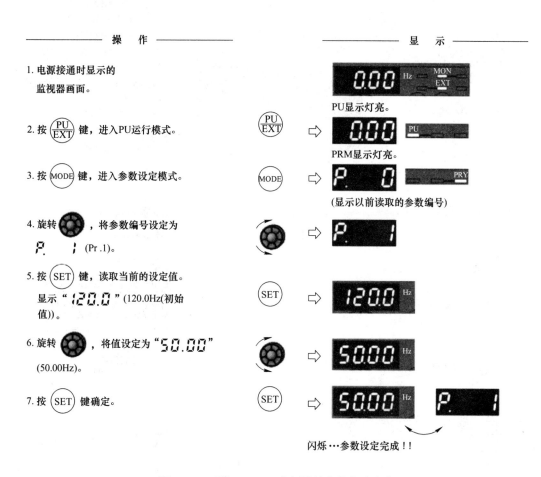

图 2-36 三菱 FR-E700 变频器的参数修改步骤

三菱 FR-E700 变频器的常用参数为：

（1）上限频率（Pr.1）。

（2）下限频率（Pr.2）。

（3）基准频率（Pr.3）。

（4）加速时间（Pr.7）。

（5）减速时间（Pr.8）。

（6）最高上限频率（Pr.18）。

如果需要了解更多的参数，请查询该变频器的使用手册。

2.4.2.4 变频器参数设置及操作

（1）操作面板说明如图 2-37 所示。

（2）参数设置方法。

1）参数清除，全部清除如图 2-38（a）、（b）所示。

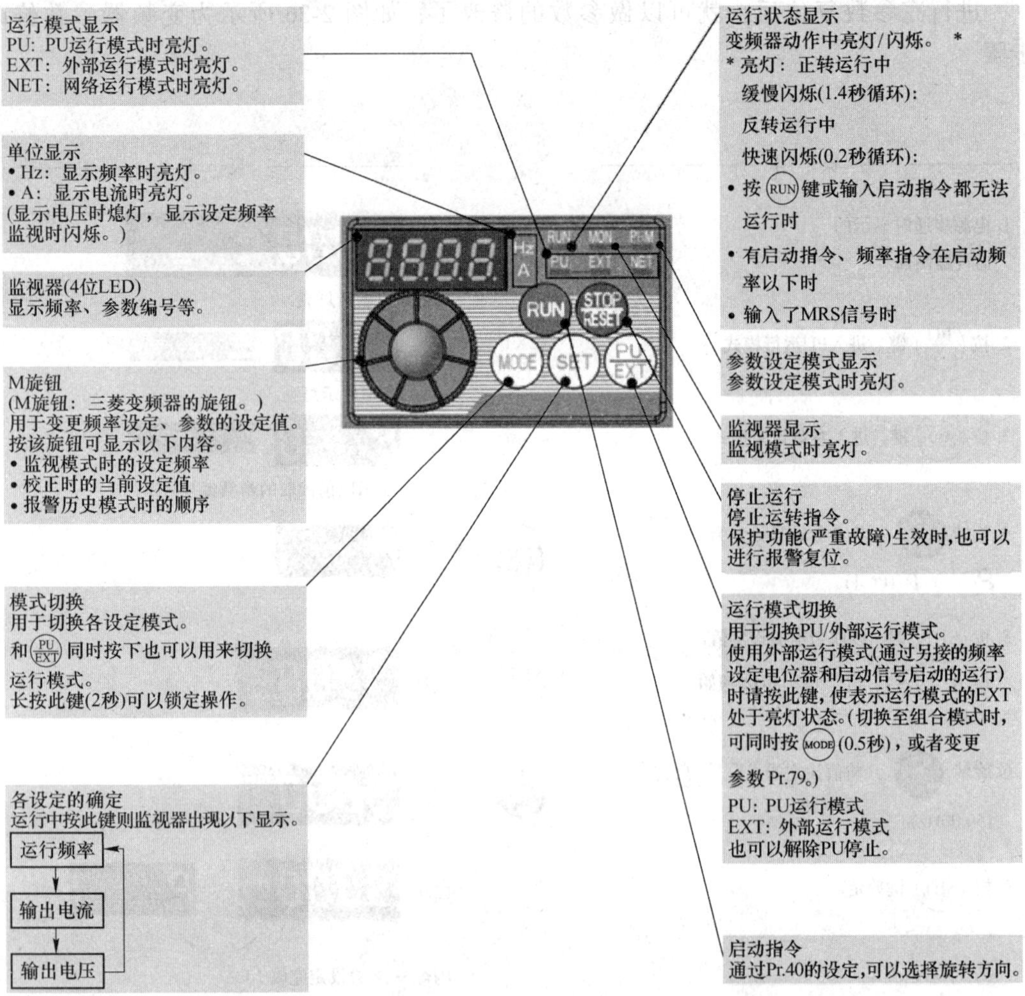

运行模式显示
PU: PU运行模式时亮灯。
EXT: 外部运行模式时亮灯。
NET: 网络运行模式时亮灯。

单位显示
• Hz: 显示频率时亮灯。
• A: 显示电流时亮灯。
(显示电压时熄灯,显示设定频率
监视时闪烁。)

监视器(4位LED)
显示频率、参数编号等。

M旋钮
(M旋钮: 三菱变频器的旋钮。)
用于变更频率设定、参数的设定值。
按该旋钮可显示以下内容。
• 监视模式时的设定频率
• 校正时的当前设定值
• 报警历史模式时的顺序

模式切换
用于切换各设定模式。
和 (PU/EXT) 同时按下也可以用来切换
运行模式。
长按此键(2秒)可以锁定操作。

各设定的确定
运行中按此键则监视器出现以下显示。

运行频率 →
↓
输出电流
↓
输出电压

运行状态显示
变频器动作中亮灯/闪烁。 *
* 亮灯: 正转运行中
缓慢闪烁(1.4秒循环):
反转运行中
快速闪烁(0.2秒循环):
• 按 (RUN) 键或输入启动指令都无法
运行时
• 有启动指令、频率指令在启动频
率以下时
• 输入了MRS信号时

参数设定模式显示
参数设定模式时亮灯。

监视器显示
监视模式时亮灯。

停止运行
停止运转指令。
保护功能(严重故障)生效时,也可以
进行报警复位。

运行模式切换
用于切换PU/外部运行模式。
使用外部运行模式(通过另接的频率
设定电位器和启动信号启动的运行)
时请按此键,使表示运行模式的EXT
处于亮灯状态。(切换至组合模式时,
可同时按 (MODE) (0.5秒),或者变更
参数 Pr.79。)
PU: PU运行模式
EXT: 外部运行模式
也可以解除PU停止。

启动指令
通过Pr.40的设定,可以选择旋转方向。

图 2-37 操作面板说明

①供给电源时的画面监视器显示。

②按 (PU/EXT) 键切换到 PU 运行模式。

③按 (MODE) 键进行参数设定。

④旋转 M 旋钮找到 Pr. CL 或 ALLC。

⑤按 (SET) 键读取当前设定值。

⑥旋转 M 旋钮改变设定值为1。

⑦长按 (SET) 键进行设置。

2) 改变加速时间与减速时间 (Pr. 7, Pr. 8)。以下给
出 Pr. 7 的参数调整步骤。如图 2-39 所示。

①供给电源时的画面监视器显示。

②按 (PU/EXT) 键切换到 PU 运行模式。

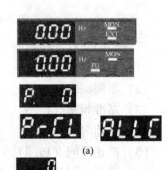

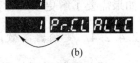

图 2-38 参数
(a) 参数清除(参数全部清除);
(b) 闪烁 3s 左右,参数设置完毕

③按 MODE 键进行参数设定。

④旋转 M 旋钮找到 Pr.7。

⑤按 SET 键读取当前设定值 5.0。

⑥旋转 M 旋钮改变设定值为 10.0。

⑦长按 SET 键进行设置。

（3）主要参数设置见表 2-11。

图 2-39　加速时间与减速
时间参数设置完毕

2.4.3　知识链接二

（1）通过学习变频器，掌握变频器外部端子控制的参数设置和硬件接线；

（2）通过调试程序设备，熟悉 PLC 硬件接线和编程。

表 2-11　主要参数设置

序号	参数代号	初始值	设置值	功能说明
1	P1	120	50	上限频率（Hz）
2	P2	0	0	下限频率（Hz）
3	P3	50	50	电机额定频率
4	P4	50	30	多段速度设定（高速）
5	P5	30	30	多段速度设定（中速）
6	P6	10	10	多段速度设定（低速）
7	P7	5	2	加速时间
8	P8	5	0	减速时间
9	P9	0	3	运行模式选择

2.4.3.1　任务实施

（1）分配 I/O 地址，见表 2-12。

表 2-12　I/O 地址

输入地址			输出地址		
序号	地址	备注	序号	地址	备注
1	X2	启动	1	Y20	变频器 STF 端 RH 端
2	X3	停止	2	Y4	上料气缸电磁阀
3	X5	上料检测	3	Y14	运行指示灯
4	X16	上料气缸回位限位传感器	4	Y15	停止指示灯
5	X17	上料气缸伸出限位传感器			

（2）PLC 接线图。PLC 硬件接线图如图 2-40 所示。

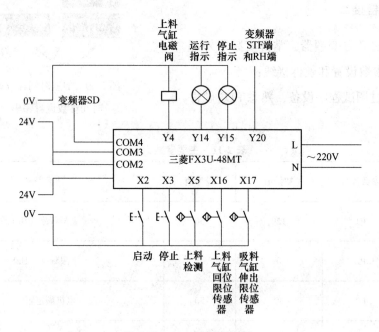

图 2-40　PLC 硬件接线图

（3）请根据实际调试情况设定定时器的值，PLC 参考程序如图 2-41 所示。

（4）变频器参数设定：

ALLC = 1；变频器初始化。

PR7 = 3；外部/PU 面板组合控制。

PR1 = 50；最高频率。

PR2 = 0；最低频率。

PR4 = 30；RH 高速。

Pr.7 = 2S；从停止运行到上限速度的时间。

Pr.8 = 2S；从上限速度到完全停止的时间。

2.4.3.2　任务评价

任务评价见表 2-13。

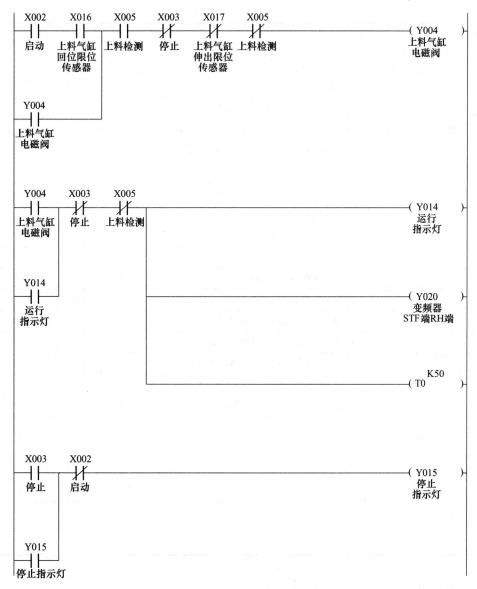

图 2-41　PLC 参考程序

表 2-13　电路安装任务过程训练评价表

序号	工作过程	工作内容	评分标准	配分	学生自评		教师	
					扣分	得分	扣分	得分
1	资讯	相关知识查找	查找相关知识，初步了解	10				
			基本掌握相关知识					
			较好掌握相关知识					
2	决策	编写计划	制定整体设计方案，修改一次扣2分	10				
			制定整体设计方案，修改两次扣5分					

序号	工作过程	工作内容	评分标准	配分	学生自评		教师	
					扣分	得分	扣分	得分
3	实施	记录步骤	实施中步骤记录不完整达到10%，扣2分	10				
			实施中步骤记录不完整达到30%，扣3分					
			实施中步骤记录不完整达到50%，扣5分					
4	结果评价	元件检查	不能用仪表检查元件好坏，扣2分	5				
			仪表使用方法不正确，扣3分					
		布线	接线不紧固、接点松动，每处扣5分	25				
			不符合安装工艺规范，每处扣5分					
			不按图接线，每处扣5分					
		调试效果	1. 第一次调试不成功扣10分	30				
			2. 第二次调试不成功扣20分					
			3. 第三次调试不成功扣30分					
5	职业规范，团队合作	安全文明生产，交流合作，组织协调	1. 不遵守教学场所规章制度，扣2分	10				
			2. 出现重大事故或人为损坏设备扣10分					
			3. 出现短路故障扣5分					
			4. 实训后不清理、整洁现场扣3分					
合计				100				

学生自评

签字　　　　日期

教师评语

签字　　　　日期

2.4.4　知识检测

（1）变频器的作用是什么？

（2）变频器为什么要进行参数恢复？

（3）二位五通电磁换向阀和二位二通电磁阀的电磁阀线圈是否需要一直通电，为什么？

任务 2.5　陶瓷机械手搬运控制

项目教学目标

知识目标：

（1）掌握搬运控制系统的相关知识。

（2）掌握旋转气缸和气动手爪的基本原理。

技能目标：

能够完成机械手的基本运行控制。

素质目标：

学习能力、团队合作能力、文明生产意识。

知识目标

2.5.1　任务描述

在生产系统中，工件经常需要做很多生产工序，这就需要经常对工件做搬运处理，在生产中，除了皮带传送，还经常会使用机械手搬运，以完成一些特殊需求的搬运，机械手搬运成品工件如图 2-42 所示。

图 2-42　机械手搬运成品工件

在本节实训中，以传送分拣站作为实训目标，如图 2-43 所示，假设有一个工件进入了传送带，需要控制整个机械手搬运系统把该工件传送到指定位置。

图 2-43　THJDQG 实训设备的机械手搬运系统

2.5.1.1 任务分析

需要安装控制电路,达到以下要求:

上气时,机械手旋转气缸处于右限位,升降气缸处于上升状态。当按下启动按钮时,机械手处于右转限位并缩回到位—机械手下降—下降到位—机械手夹取物料—加紧到位—机械手上升—机械手上升到位—机械手左转—机械手左转到位—机械手下降—下降到位—机械手松开物料—机械手上升—机械手上升到位—机械手右转,这样就是完成了一个搬运流程。

请分组合作,分配 I/O 地址,绘制电气原理图,按照原理图完成接线,并按照任务要求完成 PLC 程序的编写。

2.5.1.2 任务材料清单

任务材料清单见表 2-14。

表 2-14 需要器材清单

名　　称	型　　号	数量	备注
PLC 模块	FX3U-48M	1 台	
电源模块	三相电源总开关(带漏电和短路保护)1个,熔断器 3 只,安全插座 5 个,单相电源插座 2 个	1 套	
接线端子	接线端子和安全插座	若干	
万用表	MF30	1 个	
电工工具	电工工具套件	1 套	
导线	专用连接导线	若干	
内六角扳手	3mm、4mm、6mm、8mm 等套件	1 套	
按钮模块	黄、绿、红按钮各 1 只,黄、绿、红指示灯各 1 个,急停按钮 1 个,蜂鸣器 1 个	1 套	
单作用气缸	SBA-10×60-SA2	3 个	
磁性开关	Cs-120	6 个	
警示灯	JD501-L01R024	1 个	

2.5.2 知识链接一

2.5.2.1 机械手主要组成与功能

机械手由气动手爪、导杆气缸、旋转气缸、电磁阀等组成,如图 2-44 所示,主要完成下列动作:气动机械手手臂下降,气动手爪夹紧物料,机械手手臂上升,机械手旋转到位,机械手手臂下降,气动手爪释放,将物料放入运料小车,机械手手臂上升,机械手返回原位。机械手如图 2-44 所示。

(1)气动手爪。完成物料的抓取动作,由单向电控气动阀控制。手爪夹紧时磁性传

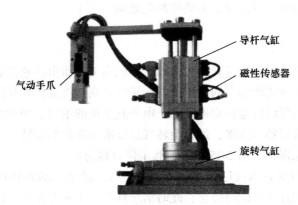

气动手爪

导杆气缸

磁性传感器

旋转气缸

图 2-44　机械手

感器检测到位信号输出到 PLC，磁性开关指示灯亮。

（2）导杆气缸。控制气动手爪的上升和下降，由单向电控气动阀控制。

（3）旋转气缸。控制机械手的旋转，由单向电控气动阀控制。

（4）磁性传感器。用于气缸的位置检测。当检测到气缸准确到位后将给 PLC 传送一个到位信号（磁性传感器接线时注意：蓝色接"—"，棕色接"PLC 输入端"）。

2.5.2.2　电磁阀

电磁阀用在工业控制系统中调整介质的方向、流量、速度和其他的参数。电磁阀可以配合不同的电路来实现预期的控制，而控制的精度和灵活性都能够保证。

2.5.2.3　调速阀：出气节流式

出气节流称为回路节流，这种节流方法比进气节流具有更好的稳定性，更平缓、冲击更小。因为气缸的速度受负载影响更大，当运行中负载变大时，气缸腔体内的空气的压力需要更高，因为气体的体积很容易被压缩，所以要有足够立体的气体产生更高的压力。如果进气节流孔过小，那么单位时间内进入气缸内的气体体积就小，所以形成更高压力一边推动负载的时间就越长。

进气节流的优点：

（1）响应速度快，容易和系统用气量匹配，从而在一定气量范围内，保持压力基本恒定。

（2）设计、安装、简单，同时设计的简单性也带来了先天的可靠性。

因此，此种调节常和其他的调节式合用。用进气阀（迭起阀或容调阀）来调节进气量的大小，可自动地使供气和用气量匹配，它是按照用气量连续地变动进气量。

（3）磁性开关。一般都是和磁性气缸配合使用的，一般磁性开关的工作电压为 DC6-24V，具体的电压值可向提供产品的商家或厂家咨询。磁性开关的两根引线应根据其颜色来连接，如两根引线的颜色均为同色，说明其内部为干簧继电器形式，接线没有极性要求，一根线接正电源，另一根则可接至控制系统。如果两根引线的颜色分别为红色和黑色，说明其内部为霍尔式开关形式，则红线接正电源，而黑色线接至控制系统。一般磁性开关的电容量较小，仅 100mA，故不宜用来直接驱动控制电磁阀，应先由磁性开关控制一只小继电器，再用继电器的触点去驱动控制电磁阀。

2.5.2.4　旋转气缸

普通气缸一般是缸体本身通过安装附件固定在机座上，而由活塞往复运动带动活塞杆前进与后退，从而对负载实现伸缩的动作。而旋转气缸则是将缸体本身固定在旋转体上与旋转负载一起旋转，供气组件是固定不动的。由于其结构的不同，如果在一个旋转缸体与不旋转的供气阀之间采用轴承连接，那么旋转气缸就能很灵活的旋转。

旋转气缸的工作原理图如图 2-45 所示，其工作过程为：

（1）复位。从气口 B 通入气压，同时 A 气口排气，活塞和活塞杆在气压差的作用下右推缩回，当活塞碰到缸体右端时停止，此时活塞杆端处于 a 点位置，这个位置就是气缸的左（右）限位状态。

（2）工作。从气口 A 通入气压，同时 B 气口排气，活塞和活塞杆在气压差的作用下左推伸出，当活塞碰到缸体左端时停止，此时活塞杆端处于 a 点位置，这个位置就是旋转气缸的另一个限位状态。a、b 之间的距离就是活塞的行程 S。

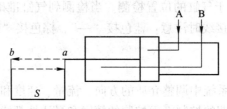

图 2-45　旋转气缸的工作原理简图

重复（1）、（2），如此循环，旋转气缸就会使活塞带动活塞杆作往复运动，使缸体旋转。

旋转气缸的工作状态是按一定的角度和方向到指定位置，其旋转角为两旋转限位的夹角，最常用的旋转角度是 90°、45°、180°、360°的选择。

旋转气缸的技术指标如下：

（1）旋转气缸的标称压力。使旋转气缸可靠工作达到高压（许用压力）。

（2）旋转气缸的空载性能。保证旋转气缸在空载条件下低速平稳运行。

（3）旋转气缸的低工作压力。确保旋转气缸的可靠运行时提供低压。

（4）旋转气缸的抗压性。指标称压力的 1.5 倍，压力为 1min，使旋转气缸各部位均无异常。

（5）旋转气缸的泄漏量（标准状态）。旋转气缸在额定压力和工作压力作用下允许旋转气缸泄漏的量。

（6）旋转气缸的载荷性能。是指活塞杆的轴向载荷，其阻力负荷为 80%，等于旋转气缸的理论输出力。使气缸的活塞平均速度大于 150mm/s，运动平稳，使旋转气缸不爬行。

2.5.2.5　气动手爪

气动手爪的工作原理，是在气缸活塞杆上连接一个传动机构，如图 2-46 所示，来带动爪指作直线平移或绕某支点开闭，以夹紧或释放工件。当 B 口进气、A 口排气时，活塞在气压差的作用下把活塞杆 1 推出，活塞杆伸出时，转轴 2 上与爪指 3 形成杠杆轴，因此，活塞杆推出时，爪指在杠杆轴的作用下张开；当 A 口进气、B 口排气时，活塞在气压差的作用下把活塞杆拉回，爪指在杠杆轴的作用下被夹紧。在进气口和排气口的变换下，气动手指也跟着作夹紧和放松的变换。

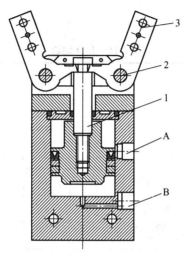

图 2-46　气动手爪原理图

2.5.2.6　旋转气缸

回转物料台的主要器件是气动摆台，它是由直线气缸驱动齿轮齿条实现回转运动的，回转角度能在 0~90° 和 0~180° 之间任意可调，而且可以安装磁性开关，检测旋转到位信号，多用于方向和位置需要变换的机构，如图 2-47 所示。

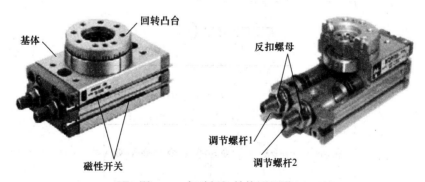

图 2-47　气动摆缸结构原理图

气动摆台的摆动回旋角度在 0~180° 范围内可调。当需要调节回转角度或调整摆动位置精度时，应首先松开调节螺杆 1 和调节螺杆 2 分别用于左旋和右旋角度的调整。当调整好摆动角度后，应反扣螺母与基体反扣锁紧，防止调节螺杆松动，造成回转精度降低。回转到位的信号是通过调整气动摆台滑轨内的 2 个磁性开关的位置实现的，图 2-47 所示是调整磁性开关位置的示意图，磁性开关安装在气缸的滑轨内，松开磁性开关的紧定螺丝，磁性开关就可以沿着滑轨左右移动。确定开关位置后，旋转紧定螺丝，即可完成位置的调整。

2.5.3　知识链接二

2.5.3.1　任务实施

（1）分配 I/O 地址，见表 2-15。

表 2-15　I/O 地址

输入地址			输出地址		
序号	地址	备　注	序号	地址	备　注
1	X2	启动	1	Y5	旋转气缸电磁阀
2	X4	复位	2	Y6	升降气缸电磁阀
3	X12	机械手臂上限位	3	Y7	手爪气缸电磁阀
4	X13	机械手臂下限位	4	Y14	运行指示灯
5	X14	旋转气缸逆时针限位传感器			
6	X15	旋转气缸顺时针限位传感器			
7	X22	气动手爪加紧限位			

（2）PLC 接线图。PLC 硬件接线图如图 2-48 所示。

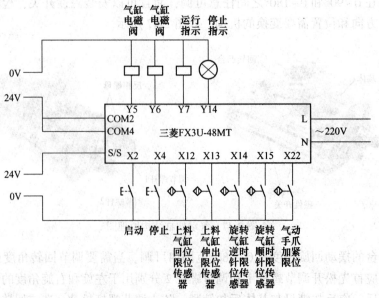

图 2-48　PLC 接线图

（3）PLC 参考程序。PLC 参考程序如图 2-49 所示。

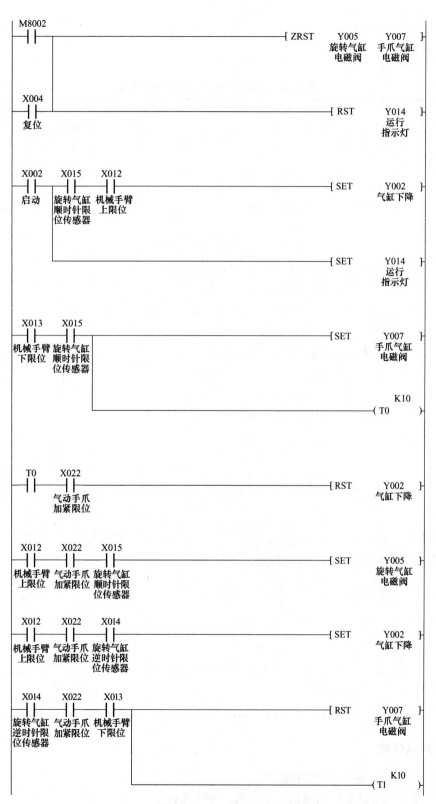

图2-49　PLC参考程序

2.5.3.2 任务评价

任务评价见表 2-16。

表 2-16 电路安装任务过程训练评价表

序号	工作过程	工作内容	评分标准	配分	学生自评		教师	
					扣分	得分	扣分	得分
1	资讯	相关知识查找	查找相关知识，初步了解	10				
			基本掌握相关知识					
			较好掌握相关知识					
2	决策	编写计划	制定整体设计方案，修改一次扣 2 分	10				
			制定整体设计方案，修改两次扣 5 分					
3	实施	记录步骤	实施中步骤记录不完整达到 10%，扣 2 分	10				
			实施中步骤记录不完整达到 30%，扣 3 分					
			实施中步骤记录不完整达到 50%，扣 5 分					
4	结果评价	元件检查	不能用仪表检查元件好坏，扣 2 分	5				
			仪表使用方法不正确，扣 3 分					
		布线	接线不紧固、接点松动，每处扣 5 分	25				
			不符合安装工艺规范，每处扣 5 分					
			不按图接线，每处扣 5 分					
		调试效果	1. 第一次调试不成功扣 10 分	30				
			2. 第二次调试不成功扣 20 分					
			3. 第三次调试不成功扣 30 分					
5	职业规范，团队合作	安全文明生产，交流合作，组织协调	1. 不遵守教学场所规章制度，扣 2 分	10				
			2. 出现重大事故或人为损坏设备扣 10 分					
			3. 出现短路故障扣 5 分					
			4. 实训后不清理、整洁现场扣 3 分					
		合计		100				

学生自评

签字 　　　日期

教师评语

签字 　　　日期

2.5.4 知识检测

（1）请简述气动手爪的工作原理。

（2）旋转气缸的旋转角度指的是什么，分哪几种？

（3）旋转气缸和直线气缸有哪些异同点？

任务 2.6 打包整形机数量控制

项目教学目标

知识目标：

（1）掌握生产数量控制的相关知识。

（2）掌握触摸屏的基本使用方法。

技能目标：

能够使用触摸屏组态控制完成自动生产。

素质目标：

学习能力、团队合作能力、文明生产意识。

知识目标

2.6.1 任务描述

在工厂生产中，经常会接到各种订单，订单会指定生产一定数量和要求的工件。通常会使用触摸屏组态控制来对生产的工件做控制，当在触摸屏输入相关生产信息时，生产系统就会对应地做出相应的生产动作，企业中的生产控制设备如图 2-50 所示。

图 2-50 企业中的生产控制设备

2.6.1.1 任务分析

需要安装控制电路与设计程序，达到以下要求：把触摸屏与 PLC 连接，在触摸屏里输入生产的数量，并按下触摸屏上的"启动"按钮，PLC 控制两个气缸完成指定数量的动作流程，其动作流程为：上料气缸伸出—上料气缸缩回—吸料气缸伸出—吸料气缸缩回，系统在正常运行过程中要求系统运行指示灯常亮，在完成指定数量的动作流程后，系统停止。

请分组合作，分配 I/O 地址，绘制电气原理图，按照原理图完成接线，并按照任务要求完成 PLC 程序的编写，THJDQG 实训设备中的西门子触摸屏如图 2-51 所示。

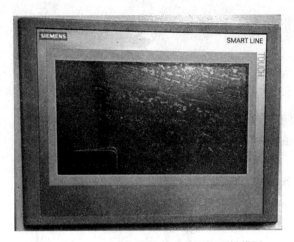

图 2-51 THJDQG 实训设备中的西门子触摸屏

2.6.1.2 任务材料清单

任务材料清单见表 2-17。

表 2-17 需要器材清单

名称	型号	数量	备注
PLC 模块	FX3U-48M	1 台	
电源模块	三相电源总开关（带漏电和短路保护）1 个，熔断器 3 只，安全插座 5 个，单相电源插座 2 个	1 套	
接线端子	接线端子和安全插座	若干	
万用表	MF30	1 个	
电工工具	电工工具套件	1 套	
导线	专用连接导线	若干	
内六角扳手	3mm、4mm、6mm、8mm 等套件	1 套	
按钮模块	黄、绿、红按钮各 1 只，黄、绿、红指示灯各 1 个，急停按钮 1 个，蜂鸣器 1 个	1 套	
触摸屏	昆仑通泰 TPC7062Ti	1 台	
下载线	网线	1 根	
单作用气缸	SBA-10×60-SA2	2 个	
气管	4×2.5mm	若干	
电磁阀	DC24V、2.5W	2 个	

2.6.2 知识链接一

2.6.2.1 组态控制系统的概念

随着工业自动化水平的迅速提高、计算机在工业领域的广泛应用，人们对工业自动化的要求越来越高，种类繁多的控制设备和过程监控装置在工业领域的应用，使得传统的工业控制软件已无法满足用户的各种需求。在开发传统的工业控制软件时，当工业被控对象一旦有变动，就必须修改其控制系统的源程序，导致其开发周期长；已开发成功的工控软件又由于每个控制项目的不同而使其重复使用率很低，导致它的价格非常昂贵；在修改工控软件的源程序时，倘若原来的编程人员因工作变动而离去时，则必须同其他人员或新手进行源程序的修改，因而更是相当困难。通用工业自动化组态软件的出现为解决上述实际工程问题提供了一种崭新的方法，因为它能够很好地解决传统工业控制软件存在的种种问题，使用户能根据自己的控制对象和控制目的的任意组态，完成最终的自动化控制工程。

在企业生产使用中，工业控制中的组态结果是用在实时监控的，从表面上看，组态工具的运行程序就是执行自己特定的任务。对于触摸屏组态控制可以初步的理解为高级的开关面板和监控面板。

2.6.2.2　组态控制系统的通信方法

在 THJDQG 实训设备中使用的是西门子触摸屏。选用 RS485 与 PLC 进行通信，其连接方式如图 2-52 所示，TPC 端采用 9 针 D 型母头，7 脚接黄色和绿色线，8 脚接红色和蓝色线；在 PLC 端的 485 端子口，SDA 接黄色线，RDA 接绿色线，SDB 接红色线，RDB 接蓝色线，TPC 与 PLC 的 485 通信连接如图 2-52 所示。

图 2-52　TPC 与 PLC 的 485 通信连接

A　触摸屏的设置

对触摸屏画面进行制作，打开 WinCC flexible 2008，选择触摸屏对应型号，如图 2-53 所示。

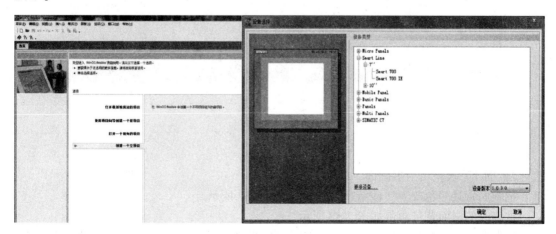

图 2-53　WinCC flexible

B　双击画面

双击画面，出现画面编辑窗口，如图2-54所示。

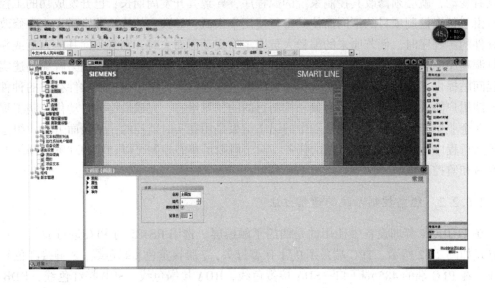

图2-54　画面编辑窗口

开发者可以修改画面背景颜色、画面名称等，如把图2-54"画面1"改为"主画面"，选择属性，把名称改为主画面，如图2-55所示。

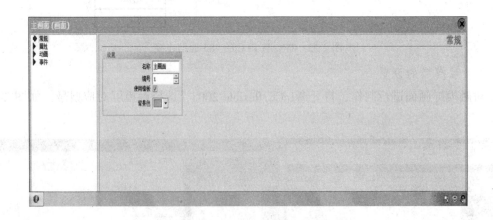

图2-55　主画面

"画面1"被重名为主画面，如图2-56所示。

把画面背景颜色改为"浅蓝色"，操作如图2-57所示。

被修改的画面背景颜色如图2-58所示。

开发者可以为项目添加多个画面，双击HMI站点下的"画面"中的"添加画面"，如图2-59所示。

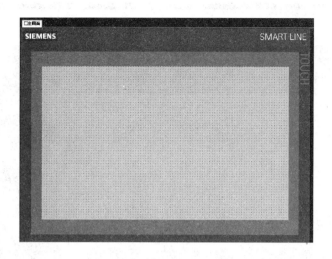

图 2-56　主画面定义

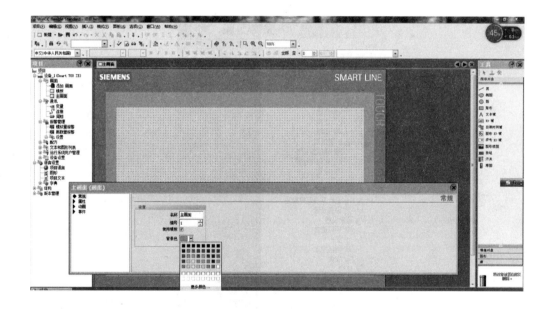

图 2-57　更改背景颜色

编辑窗口会出现两个画面"主画面"和"画面 2"，如图 2-60 所示。

用同样方法添加多个画面和修改画面名称和背景颜色。

（1）放置各个元素，并调整位置和大小。

（2）为各个元素选择合适的控制动作。

将"简单对象"中按钮拖入主画面，并命名为"启动"，如图 2-61 所示。

图 2-58 修改画面背景颜色

图 2-59 添加画面

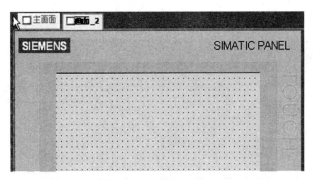

图 2-60　编辑窗口画面

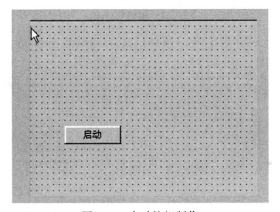

图 2-61　启动按钮制作

点击"事件"，如图 2-62 所示。

图 2-62　事件

为按钮选择动作，点击"按下"，如图 2-63 所示。

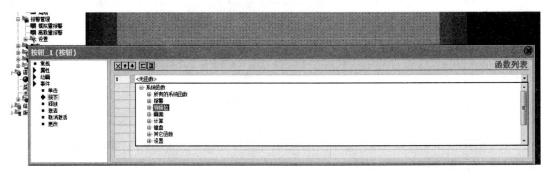

图 2-63　按钮按下

在"编辑位"下拉中选择"SetBit",即置位,如图 2-64 所示。

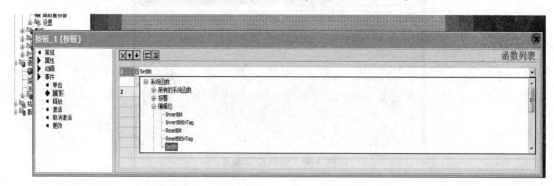

图 2-64 编辑位 SetBit

点击"无值"下拉菜单找项目,在自己定义的数据块中选择"启动",如图 2-65 所示。

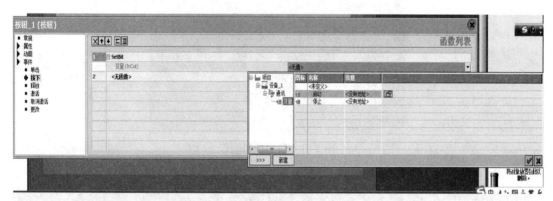

图 2-65 选择"启动"

再点击释放,如图 2-66 所示。

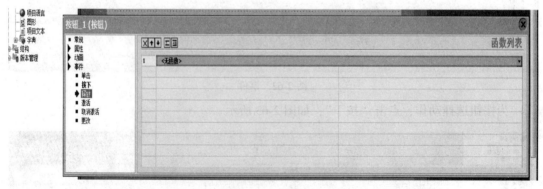

图 2-66 点击释放

在"编辑位"中选择"ResetBit",如图 2-67 所示。

选择"启动",如图 2-68 所示。

以上启动按钮动作设定完成,用同样方法完成停止按钮,或者将启动按钮复制在修改为停止按钮,建议修改比较方便。

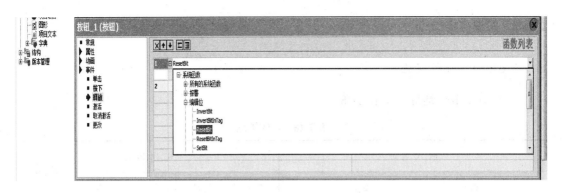

图 2-67　编辑位 ResetBit

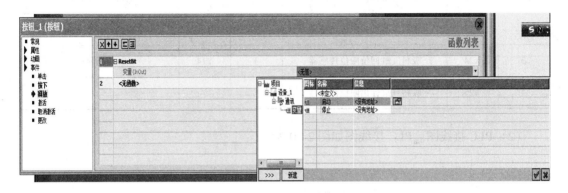

图 2-68　选择"启动"

选择 D 数值寄存器，通道地址为 0，这样，这个输入框的值将会改变 PLC 的 D0 寄存器的值，到这里，需要做到的触摸屏的设定就完成了。

最后组成系统组态画面，如图 2-69 所示。

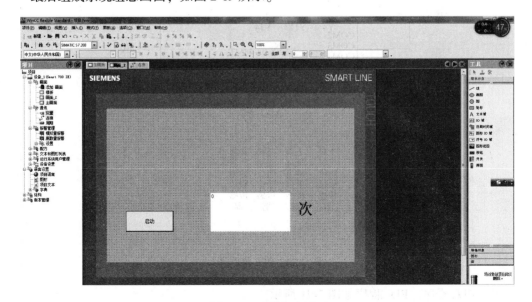

图 2-69　系统组态画面

2.6.3 知识链接二

2.6.3.1 任务实施

(1) 分配 I/O 地址，见表 2-18。

表 2-18 I/O 地址

输 入 地 址			输 出 地 址		
序号	地址	备注	序号	地址	备注
1	X16	上料气缸回位限位传感器	1	Y4	上料气缸电磁阀
2	X17	上料气缸伸出限位传感器	2	Y11	吸料气缸电磁阀
3	X24	吸料气缸回位限位传感器	3	Y14	运行指示灯
4	X25	吸料气缸伸出限位传感器			

(2) PLC 接线图。PLC 接线图如图 2-70 所示。

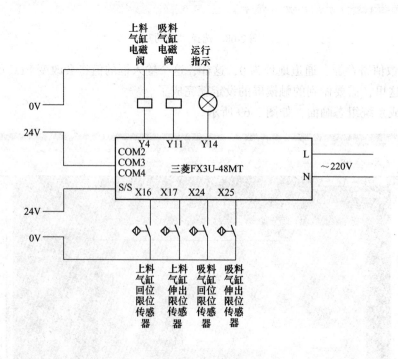

图 2-70 PLC 接线图

(3) PLC 程序。PLC 程序如图 2-71 所示。

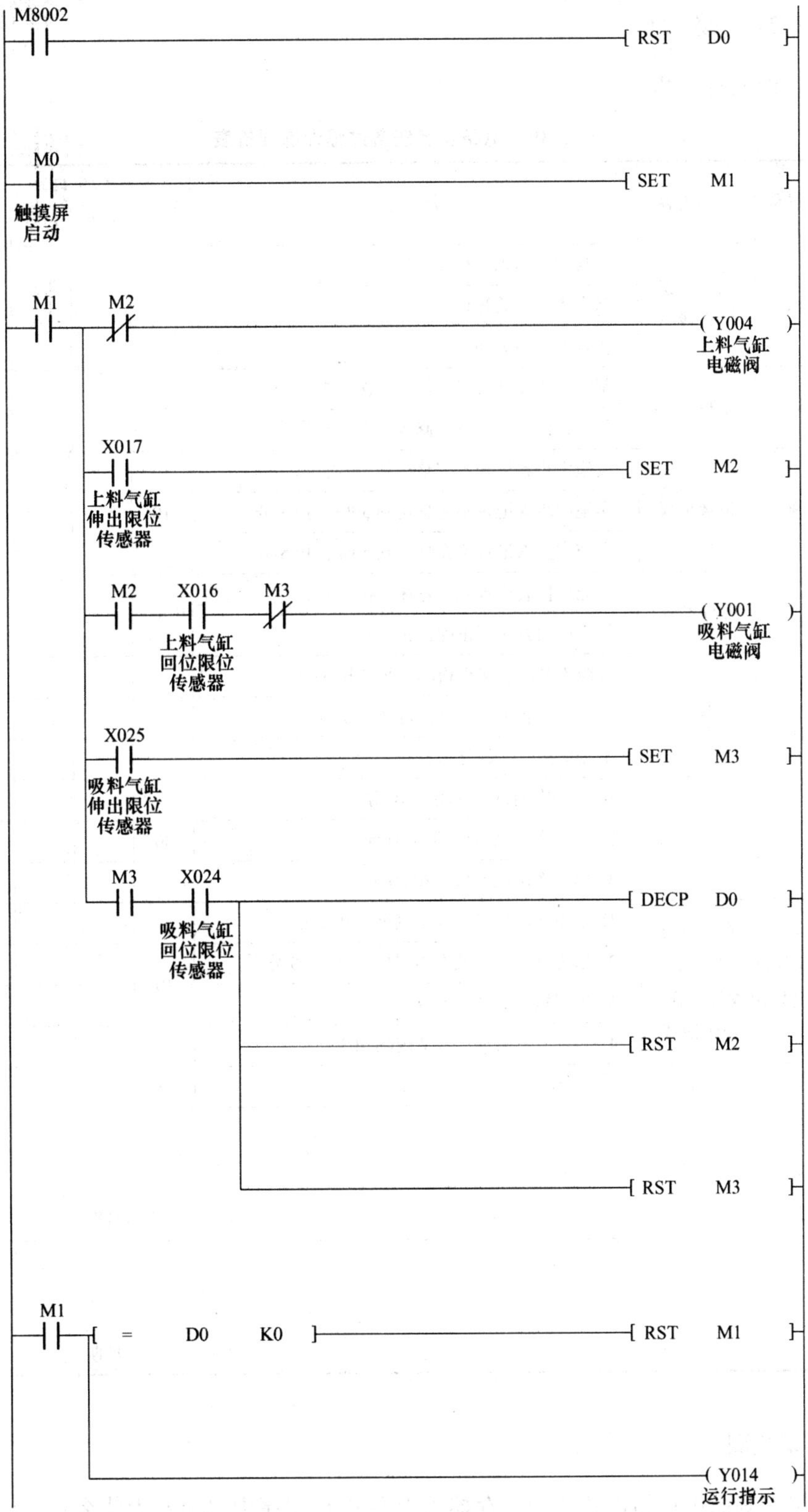

图 2-71 PLC 程序

2.6.3.2 任务评价

任务评价见表2-19。

表 2-19 电路安装任务过程训练评价表

序号	工作过程	工作内容	评 分 标 准	配分	学生自评		教师	
					扣分	得分	扣分	得分
1	资讯	相关知识查找	查找相关知识，初步了解	10				
			基本掌握相关知识					
			较好掌握相关知识					
2	决策	编写计划	制定整体设计方案，修改一次扣2分	10				
			制定整体设计方案，修改两次扣5分					
3	实施	记录步骤	实施中步骤记录不完整达到10%，扣2分	10				
			实施中步骤记录不完整达到30%，扣3分					
			实施中步骤记录不完整达到50%，扣5分					
4	结果评价	元件检查	不能用仪表检查元件好坏，扣2分	5				
			仪表使用方法不正确，扣3分					
		布线	接线不紧固、接点松动，每处扣5分	25				
			不符合安装工艺规范，每处扣5分					
			不按图接线，每处扣5分					
		调试效果	1. 第一次调试不成功扣10分	30				
			2. 第二次调试不成功扣20分					
			3. 第三次调试不成功扣30分					
5	职业规范，团队合作	安全文明生产，交流合作，组织协调	1. 不遵守教学场所规章制度，扣2分	10				
			2. 出现重大事故或人为损坏设备扣10分					
			3. 出现短路故障扣5分					
			4. 实训后不清理、整洁现场扣3分					
合计				100				

学生自评

签字   日期

教师评语

签字   日期

2.6.4 知识检测

（1）组态画面中按钮设置所用寄存器可否在 PLC 程序中出现？为什么？

（2）单作用气缸的特点是什么？

任务 2.7　龙门机械手搬运系统

项目教学目标

知识目标：

（1）掌握龙门机械手控制的相关知识。

（2）掌握伺服电动机与驱动器的硬件连接。

（3）掌握伺服电机回原位和驱动脉冲输出指令的运用。

技能目标：

能够完成电机正反运行的自动控制。

素质目标：

学习能力、团队合作能力、文明生产意识。

知识目标

2.7.1　任务描述

在生产系统中，当用到重型工件的上下料和工件搬运时，都需要用到龙门机械手来辅助进行搬运，龙门机械手能够进行各种基础的机械动作，被广泛应用于各种生产车间，龙门搬运机械手如图 2-72 所示。

图 2-72　龙门搬运机械手

2.7.1.1　任务分析

需要安装控制电路，达到以下要求：按下 SB1 按钮，启动电机，驱动机械手在横梁右移，到达横梁右端后，机械手向下伸出并缩回；按下 SB2 按钮，启动电机，驱动机械手在横梁上左移，到达横梁左端后，机械手向下伸出后缩回。

请分组合作，分配 I/O 地址，绘制电气原理图，按照原理图完成接线，并按照任务要

求完成 PLC 程序的编写。

2.7.1.2　任务材料清单

任务材料清单见表 2-20。

表 2-20　需要器材清单

名称	型　　号	数量	备注
PLC 模块	FX3U-48M	1 台	
电源模块	三相电源总开关（带漏电和短路保护）1 个，熔断器 3 只，安全插座 5 个，单相电源插座 2 个	1 套	
接线端子	接线端子和安全插座	若干	
万用表	MF30	1 个	
电工工具	电工工具套件	1 套	
导线	专用连接导线	若干	
内六角扳手	3mm、4mm、6mm、8mm 等套件	1 套	
按钮模块	黄、绿、红按钮各 1 只，黄、绿、红指示灯各 1 个，急停按钮 1 个，蜂鸣器 1 个	1 套	
伺服电机	R88M-G20030H-S2-Z	1 台	
伺服驱动器	R7D-BP02HH-Z	1 台	
限位开关	V-155-1C25	2 个	
单作用气缸	SPA-10×30-SA2	1 个	
物料	铁质、铝制、尼仑材质	若干	

2.7.2　知识链接一

如图 2-73 所示，龙门式机械手作为一种相对成本较低的自动化机器人机械手系统解决方案，可以应用于各种工业生产领域，实现上下料、工件搬运等烦琐劳动，在替代人工、提高生产效率、稳定产品质量等方面都具有显著的作用。

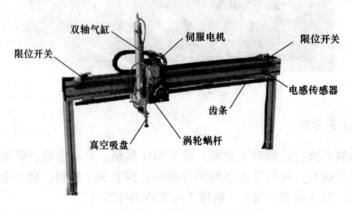

图 2-73　龙门式机械手

龙门式机械手是能够实现自动控制的、基于空间 *XYZ* 直角坐标系可重复编程的、多自由度的、适合不同任务的自动化设备。其可有效改善作业环境，提供零件加工数字化、信息化、少人化直至无人化管理，可以可靠保证产品质量，极大地提高劳动生产率，将工人从繁重的体力劳动中解放出来，使现代加工制造技术达到一个崭新的水平。

龙门式机械手包括横梁、桁架、滚动轮、纵向驱动装置、横向驱动装置。横梁两端设置有滚动轮，两个纵向驱动装置分别与横梁左右两端的设置的滚动轮相连，其特征在于：它还包括丝杠、丝母、移动齿轮、固定齿条、移动齿条、取料叉，丝母旋装在丝杠上，丝杠设置在桁架上，移动齿轮铰接在丝母上；固定齿条与丝杠同向固定设置在丝杠一侧，移动齿条与丝杠同向设置在丝杠另一侧的取料叉导向架上，铰接在丝母上的移动齿轮分别与固定齿条和移动齿条相啮合，取料叉与移动齿条相固连。

龙门式机械手可以应用于数控车床、立式加工中心机、卧式加工中心机、数控立式车床、数控磨床、数控磨齿机、数控焊接、数控切割等设备的零件加工提供了自动化的解决方案，拥有高可靠性、高速度、高精度的特点。

采用龙门式机械手替代机床操作工人，可以实现工件的自动抓取、上料、下料、工件翻转、工件转序等工作，不仅能够极大地节省人工成本，更重要的是能够保持产品加工的一致性，提高工效。特别适合用于多品种、大批量的柔性化作业，对于稳定提高产品质量、提高劳动生产率、改善劳动条件具有十分重要的作用，被广泛地应用在汽车制造、电子电器、医疗、航空航天、航海造船等诸多领域的生产线上。

2.7.2.1 伺服电机内部结构

伺服电机内部结构如图 2-74 所示。

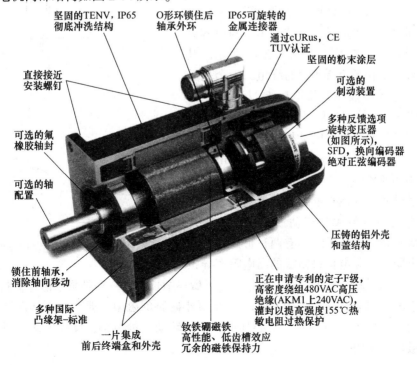

图 2-74 伺服电机内部结构

2.7.2.2　伺服电机工作原理

A　交流伺服电动机

伺服电动机内部的转子是永磁铁，驱动器控制的 U/V/W 三相电形成电磁场，转子在此磁场的作用下转动，同时电机自带的编码器反馈信号给驱动器，驱动器根据反馈值与目标值进行比较，调整转子转动的角度。伺服电机的精度取决于编码器的精度（线数）。

伺服电动机在伺服系统中控制机械元件运转的发动机，是一种补助马达间接变速装置，又称执行电动机，在自动控制系统中，用作执行元件，把所收到的电信号转换成电动机轴上的角位移或角速度输出。分为直流和交流伺服电动机两大类，其主要特点是，当信号电压为零时无自转现象，转速随着转矩的增加而匀速下降。

作用：伺服电机，可使控制速度、位置精度非常准确。

直流伺服电机分为有刷和无刷电机。

有刷电机成本低、结构简单、启动转矩大、调速范围宽、控制容易、需要维护，但维护方便（换碳刷），产生电磁干扰，对环境有要求。因此它可以用于对成本敏感的普通工业和民用场合。

无刷电机体积小、重量轻、出力大、响应快、速度高、惯量小、转动平滑、力矩稳定、控制复杂，容易实现智能化，其电子换相方式灵活，可以方波换相或正弦波换相。电机免维护、效率很高、运行温度低、电磁辐射很小、长寿命、可用于各种环境。

交流伺服电机也是无刷电机，分为同步和异步电机，目前运动控制中一般都用同步电机，它的功率范围大，可以做到很大的功率，大惯量、最高转动速度低，且随着功率增大而快速降低，因而适合做低速平稳运行的应用。

交流伺服电动机定子的构造基本上与电容分相式单相异步电动机相似，如图 2-75 所示。其定子上装有两个位置互差 90° 的绕组，一个是励磁绕组 R_f，它始终接在交流电压 U_f 上；另一个是控制绕组 L，连接控制信号电压 U_c。所以交流伺服电动机又称两个伺服电动机。交流伺服电动机的转子通常做成鼠笼式，但为了使伺服电动机具有较宽的调速范围、线性的机械特性、无"自转"现象和快速响应的性能，它与普通电动机相比，应具有转子电阻大和转动惯量小这两个特点。目前应用较多的转子结构有两种形式：一种是采用高电阻率的导电材料做成的高电阻率导条

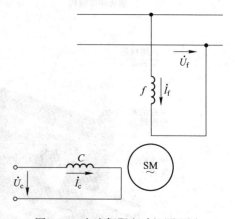

图 2-75　交流伺服电动机原理图

的鼠笼转子，为了减小转子的转动惯量，转子做得细长；另一种是采用铝合金制成的空心杯形转子，杯壁很薄，仅 0.2~0.3mm，为了减小磁路的磁阻，要在空心杯形转子内放置固定的内定子，如图 2-76 所示。空心杯形转子的转动惯量很小，反应迅速，而且运转平稳，因此被广泛采用。

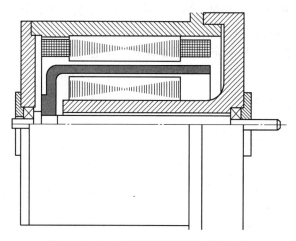

图 2-76　空心杯形转子伺服电动机结构

交流伺服电动机在没有控制电压时，定子内只有励磁绕组产生的脉动磁场，转子静止不动。当有控制电压时，定子内便产生一个旋转磁场，转子沿旋转磁场的方向旋转，在负载恒定的情况下，电动机的转速随控制电压的大小而变化，当控制电压的相位相反时，伺服电动机将反转。

交流伺服电动机的工作原理与分相式单相异步电动机虽然相似，但前者的转子电阻比后者大得多，所以伺服电动机与单机异步电动机相比，有三个显著特点：

（1）起动转矩大。由于转子电阻大，其转矩特性曲线如图 2-77 中曲线 1 所示，与普通异步电动机的转矩特性曲线 2 相比，有明显的区别。它可使临界转差率 $S_0 > 1$，这样不仅使转矩特性（机械特性）更接近于线性，而且具有较大的起动转矩。因此，当定子一有控制电压，转子立即转动，即具有起动快、灵敏度高的特点。

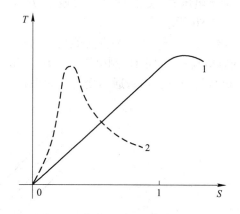

图 2-77　伺服电动机的转矩特性

（2）运行范围较宽。如图 2-77 所示，较差率 S 在 0~1 的范围内伺服电动机都能稳定运转。

（3）无自转现象。正常运转的伺服电动机，只要失去控制电压，电机立即停止运转。当伺服电动机失去控制电压后，它处于单相运行状态，由于转子电阻大，定子中两个相反方向旋转的旋转磁场与转子作用所产生的两个转矩特性（$T_1\text{-}S_1$、$T_2\text{-}S_2$ 曲线）以及合成转矩特性（$T\text{-}S$ 曲线）如图 2-78 所示，与普通的单相异步电动机的转矩特性（图中 $T'\text{-}S$ 曲线）不同。这时的合成转矩 T 是制动转矩，从而使电动机迅速停止运转。

图 2-79 所示是伺服电动机单相运行时的机械特性曲线。负载一定时，控制电压 U_c 愈高，转速也愈高，在控制电压一定时，负载增加，转速下降。

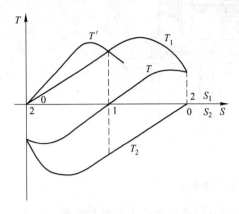

图 2-78　伺服电动机单相运行时的转矩特性　　　　图 2-79　伺服电动机的机械特性

交流伺服电动机的输出功率一般是 0.1~100W。当电源频率为 50Hz 时，电压有 36V、110V、220V、380V；当电源频率为 400Hz 时，电压有 20V、26V、36V、115V 等多种。

交流伺服电动机运行平稳、噪声小。但控制特性是非线性，并且由于转子电阻大、损耗大、效率低，因此与同容量直流伺服电动机相比，体积大、重量重，所以只适用于 0.5~100W 的小功率控制系统。

B　直流伺服电动机

直流伺服电动机的结构和一般直流电动机一样，只是为了减小转动惯量而做得细长一些。它的励磁绕组和电枢分别由两个独立电源供电。也有永磁式的，即磁极是永久磁铁。通常采用电枢控制，就是励磁电压 f 一定，建立的磁通量 Φ 也是定值，而将控制电压 U_c 加在电枢上，其接线图如图 2-80 所示。

直流伺服电动机的机构特性 $(n=f(T))$ 和直流他励电动机一样。

图 2-81 所示是直流伺服电动机在不同控制电压下 $(U_c$ 为额定控制电压）的机械特性曲线。由图可见：在一定负载转矩下，当磁通不变时，如果升高电枢电压，电机的转速就

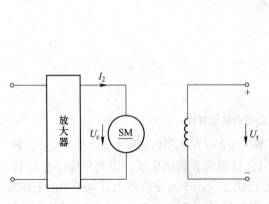

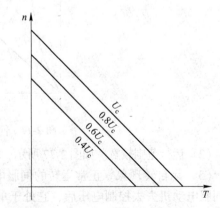

图 2-80　直流伺服电动机接线图　　　　　图 2-81　直流伺服电动机的 $n=f(T)$ 曲线

升高；反之，降低电枢电压，转速就下降；当 $U_c = 0$ 时，电动机立即停转。要电动机反转，可改变电枢电压的极性。

直流伺服电动机和交流伺服电动机相比，它具有机械特性较硬、输出功率较大、不自转，起动转矩大等优点。

2.7.2.3　伺服驱动

欧姆龙通用 SMARTSTEP2 系列 AC 伺服具有位置控制和速度控制两种模式，而且能够切换位置控制和速度控制进行运行，因此它适用于以加工机床和一般加工设备的高精度定位和平稳的速度控制为主的范围宽广的各种领域。

（1）控制模式。

1）位置控制模式。用最高 500kpps 的速脉冲串执行电机的旋转速度和方向的控制，分辨率为 100000 脉冲/转的高精度定位。

2）速度控制模式。用由参数构成的内部速度指令（最多 4 速）对伺服电机的旋转速度和方向进行高精度的平滑控制。另外，对于速度指令，它还具有进行加减速时的常数设置和停止时的伺服锁定功能。

（2）各部分名称如图 2-82 所示。

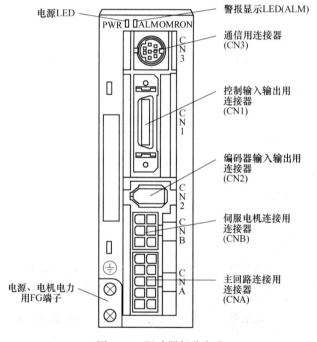

图 2-82　驱动器部分名称

电源 LED（PWR）见表 2-21。

表 2-21　电源 LED 显示

LED 显示	状　态
绿色灯亮	主电源打开
橙色灯亮	警告时 1 秒闪烁（过载、过再生、分隔旋转速度异常）
红色灯亮	报警发生

报警显示LED（ALM）发生报警时闪烁，通过橙色及红色显示灯的闪烁次数来表示警报代码。

例：过载（报警代码16）发生、停止时，橙色1次，红色6次闪烁，如图2-83所示。

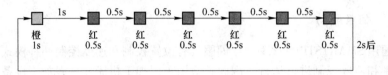

图 2-83　警报

（3）输入输出回路图如图2-84所示。

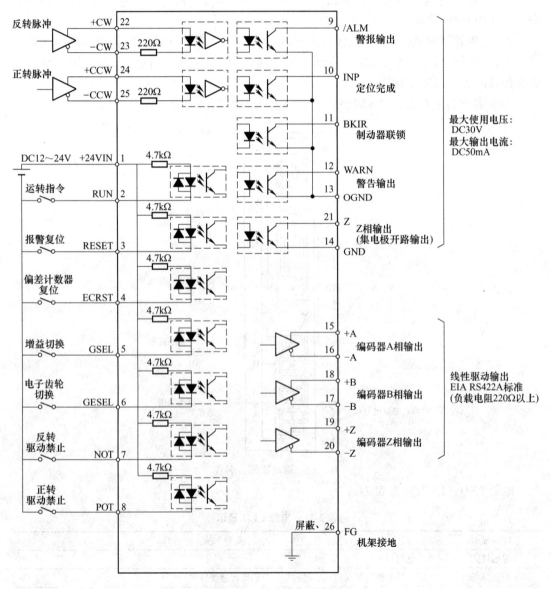

图 2-84　输入输出回路图

（4）伺服端子及功能说明见表 2-22。

表 2-22 伺服端子及功能说明

引脚	标记	名称	功能·界面
1	+24VIN	控制用 DC 电源输入	序列输入（引脚 No.1）用电源 DC + 12~24V 的输入端子
2	RUN	运转指令输入	ON：伺服 ON（接通电机电源）
3	RESET	报警 U 位	ON：对伺服报警的状态进行 K 位 开启时 W 必须在 120ms 以上
4	ECRST/ VSEL2	偏差计数器定位输入/ 内部设定速度选择 2	位置控制模式（Pn02 为「0」或者「2」）时，转换为偏差计数器输入。 ON：禁止脉冲指令，对偏差计数器进行 K 位（清除）。必须 7 启 2ms 以上 内部速度控制模式（Pn02 为「1」）时，转换为内部设定速度选择 2。 ON：输入内部设定速度选择 2
5	GSEI7 VZERO/ TLSEL	增益切换/ 零速度指定/ 转矩限制切换	在位置控制模式（Pn02 为「1」）时，如果零速度指定/转矩限制切换（Pn06）为「0」或「1」，则转换为增益切换输入 内部速度控制模式（Pn02 为「1」）时，转换为零速度指定输入。 OFF：速度指令转换为零。 通过设定零速度指定/转矩限制切换（Pn06），也可以使输入无效。 有效（Pn06 = 1）、无效（Pn06 = 0） 零速度指定/转矩限制切换（Pn06）如果为「2」，位置控制模式、内部速度控制模式 N 时切换为转矩限制切换。 OFF：转换为第 1 控制值（Pn70、5E、63） ON：转换为第 1 控制值（Pn71、72、73）
6	GESEL/ VSEL1	电子·齿轮切换/内部 设定速度选择 1	位置控制模式（Pn02 为「0」或者「2」）时，转换为电子·齿轮切换输入。＊2 OFF：第 1 电子齿轮比分子（Pn46） ON：第 2 电子齿轮比分子（Pn47） 内部速度控制模式（Pn02 为「1」）时，转换为内部设定速度选择 1。 ON：输入内部设定速度选择 1
7	NOT	输入反转侧驱动禁止	反转侧超程输入。 OFF：驱动禁止 ON：驱动允许
8	POT	输入正转侧驱动禁止	正转侧超程输入。 OFF：驱动禁止 ON：驱动允许
9	/ALM	报警输出	驱动器发出报警之后，停止输出

引脚	标记	名称	功能·界面
10	INP/TGON	定位完成输出/ 电机转速检测输出	位置控制模式（Pn02 为「0」或者「2」）时，转换为定位完成输出。 ON：偏差计数器的滞留脉冲在定位完成幅度（Pn60）的设定值以内 内部速度控制模式（Pn02 为「1」）时，转换为电机转速检测输出。 ON：电机转速大于电机检测转速（Pn62）的设定值
11	BKIR	制动器联锁输出	输出保持制动器的定时信号。 ON 时，请放开保持制动器
12	WARN	警告输出	通过警告输出选择（Pn09）选择的信号被输出
13	OGND	输出共用地线	序列输出（引脚 Na 9、10、11、12）用共用地线
14	GND	共用地线	编码器输出、Z 相输出（引脚 Na21）用共用地线
15	+A	编码器 A 相输出	
16	−A		
17	+B	编码器 B 相输出	按照编码器分频比设定（Pn44）的设定输出编码器脉冲。 线性驱动器输出（相当于 RS-422）
18	− B		
19	+Z	编码器 Z 相输出	
20	−Z		
21	Z	Z 相输出	输出编码器的 Z 相（1 脉冲/转）． 集电极开路输出
22	+CW/ PULS/FA	反转脉冲/ 进给脉冲/ 90°相位差信号（A 相）	位置指令用的脉冲串输入端子。 线性驱动器输入时：最大响应频率 500kpps 开路集电极输入时；墒大响；V；频率 200kpps 可以从反转脉冲/正转脉冲（CW/CCW）、进给脉冲/方向信号（PULS/SIGN）、90°相位差（A/B相）信号（FA/FB）中进行选择（根据 Pn42 的设定）
23	− CW/ PULS/FA		
24	+CCW/ SIGN/FB	正转脉冲/ 方向信号/ 90°相位差信号（B 相）	
25	−CCW/ SIGN/FB		

伺服设置软件的使用方法：

（1）软件安装。将 CX-0NEV2.12 软件光盘放入光驱，计算机将会自动运行安装程序。按向导提示，一路按下【下一步】，如图 2-85 所示。在安装过程中去掉不用的软件保留 CX-Drive，节省安装空间和安装时间。

安装完成再安装软件 CX-DriveV1.61，按向导提示，一路按下【下一步】，完成软件升级。

（2）软件使用。

1）安装好 CX-Drive 软件后，打开 CX-Drive 软件，新建一个工程，选择伺服型号、功率、电源类型以及设置与 PC 机的通信方式，如图 2-86 所示。

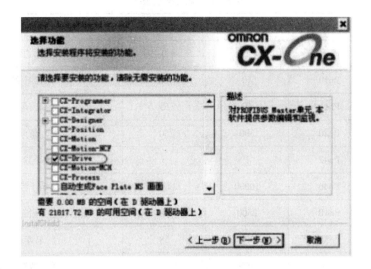

图 2-85 软件安装

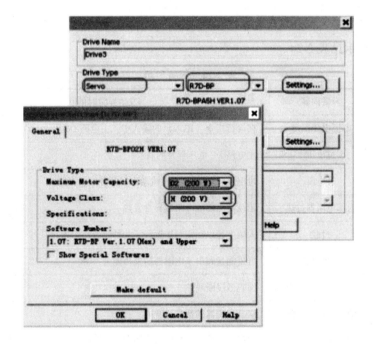

图 2-86 CX-Drive 软件伺服设置

2) 用伺服连接电缆连接伺服驱动器与 PC 机，打开伺服电源，点击图标" ⚠ "在线工作。

3) 根据需要修改伺服参数，点击图标" 📄 "，将修改好的参数下载到伺服驱动器中。

(3) 伺服参数设置见表 2-23。

表 2-23　伺服参数设置

序号	参数代号	默认设置	设置值	说　明
1	Pn04	1	0	驱动禁止输入选择
2	Pn10	40	18	位置 H 路增益
3	Pn11	60	55	速度 N 路增益
4	Pn20	300	80	情景比
5	Pn42	1	3	指令脉冲模式
6	Pn46	10000	3000	第 1 电子齿轮比分子
7	Pn4B	2500	300	电子齿轮比分母
8	Pn5E	300	58	转矩限制
9	Pn63	100	23	偏差计数器溢出级别
10	Pn66	0	2	驱动禁止输入的停止选择
11	Pn6A	10	5	停止时的制动器定时

（4）报警显示见表 2-24。

表 2-24　报警显示

序号	报警显示	异常内容	发生异常时的状况
1	11	电源电压不足	在运行指令（RUN）的输入中，主电路 DC 电 FR 降到规定值以下
2	12	过电压	主电路 DC 电压异常的高
3	14	过电流	过电流流过 IGBT。电机动力线的接地、短路
4	15	内部电阻器过热	驱动器内部的电阻器异常发热
5	16	过载	大幅度超出额定转矩运行了几秒或者几十秒
6	18	再生过载	再生能量超出了电阻器的处理能力
7	21	编码器断线检出	编码器线断线
8	23	编码器数据异常	来自编码器的数据异常
9	24	偏差计数器溢出	计数器的剩余脉冲超出了偏差计数器的超限级别（Pn63）的设定值
10	26	超速	电机的旋转速度超出了 M 大转速。 使用转矩限制功能时，超速检查级别设定（Pn70、Pn73）的设定值超出了电机旋转速度
11	27	电子齿轮设定异常	第 1、第 2 电子齿轮比分子（Pn46、Pn47）的设定值不合适
12	29	偏差计数器溢流	偏差计数器的剩余脉冲超过 134217728 次脉冲

续表 2-24

序号	报警显示	异常内容	发生异常时的状况
13	34	超程界限异常	位置指令输入超出了由越程界限设定（Pn26）所设定的电机可以运作的范围
14	36	参数异常	接通电源时，从 EEPROM 读取数据时，参数保存区域的数据已经被破坏
15	37	参数破坏	接通电源从 EEPROM 读取数据时，和校验不符
16	38	禁止驱动输入异常	禁止转侧驱动和禁反转侧驱动都被关闭
17	48	编码器 Z 相异常	检测到 Z 相的脉冲流失
18	49	编码器 CS 信号异常	检测到 CS 信号的逻辑异常
19	95	电机不一致	伺服电机和驱动器的组合不恰当接通电源时，编码器没有被连接
20	96	LSI 设定异常	干扰过大，造成 LSI 的设定不能正常完成
21		其他异常	驱动器启动自我诊断功能，驱动器内部发生了某种异常

（5）伺服接线图如图 2-87 所示。

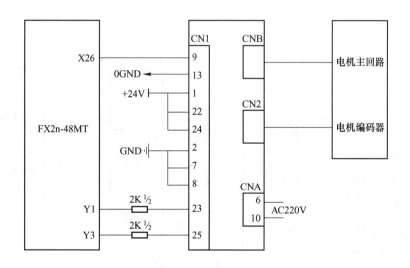

图 2-87　伺服接线图

2.7.3　知识链接二

2.7.3.1　任务实施

（1）分配 I/O 地址，见表 2-25。

表 2-25 I/O 地址

输入地址			输出地址		
序号	地址	备注	序号	地址	备注
1	X2	SB1 正转（回原点）按钮	1	Y1	伺服驱动器脉冲输出-PULS
2	X3	SB2 反转按钮	2	Y3	伺服使能
3	X4	伺服左限位传感器（按钮模拟）	3	Y11	吸料气缸电磁阀
4	X23	伺服回原位（右限位）传感器	4	Y14	运行指示灯
5	X24	吸料回位限位传感器	5		
6	X25	吸料伸出限位传感器	6		
7	X26	伺服驱动器输出	7		

（2）PLC 接线图。PLC 接线图如图 2-88 所示。

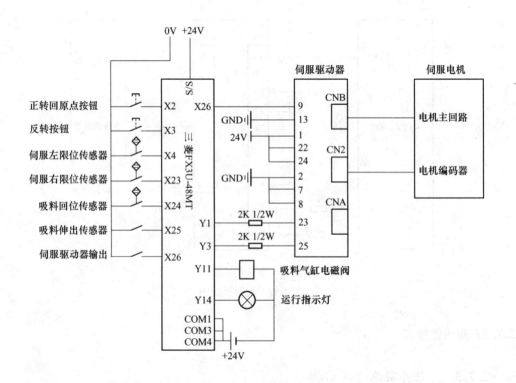

图 2-88 PLC 接线图

（3）PLC 程序。PLC 程序如图 2-89 所示。

```
M0002
├─┤├──────────────────────────────────────[ ZRST   M10    M14 ]
上气复位
│
└──────────────────────────────────────────[ RST    Y014 ]


X002
├─┤├──────────────────────────────────────[ RST    M10 ]
│
├──────────────────────────────────────────[ SET    Y014 ]
│
└──────────────────────────────────────────[ ZRST   M11    M12 ]


X003
├─┤├──────────────────────────────────────[ SET    M12 ]
│
└──────────────────────────────────────────[ ZRST   M10    M11 ]


X025
├─┤├──────────────────────────────────────[ SET    M11 ]
│
├──────────────────────────────────────────[ RST    M10 ]
│
├──────────────────────────────────────────[ RST    M12 ]
│
├──────────────────────────────────────────[ RST    Y011 ]
│
└──────────────────────────────────────────[ RST    M14 ]


M8000   M11    X023
├─┤├───┤├────┤├─────────────[ ZRN  K20000  K10000  X008   Y001 ]
│
│      X008
└──────┤↑├─────────────────────────────────[ RST    M11 ]
```

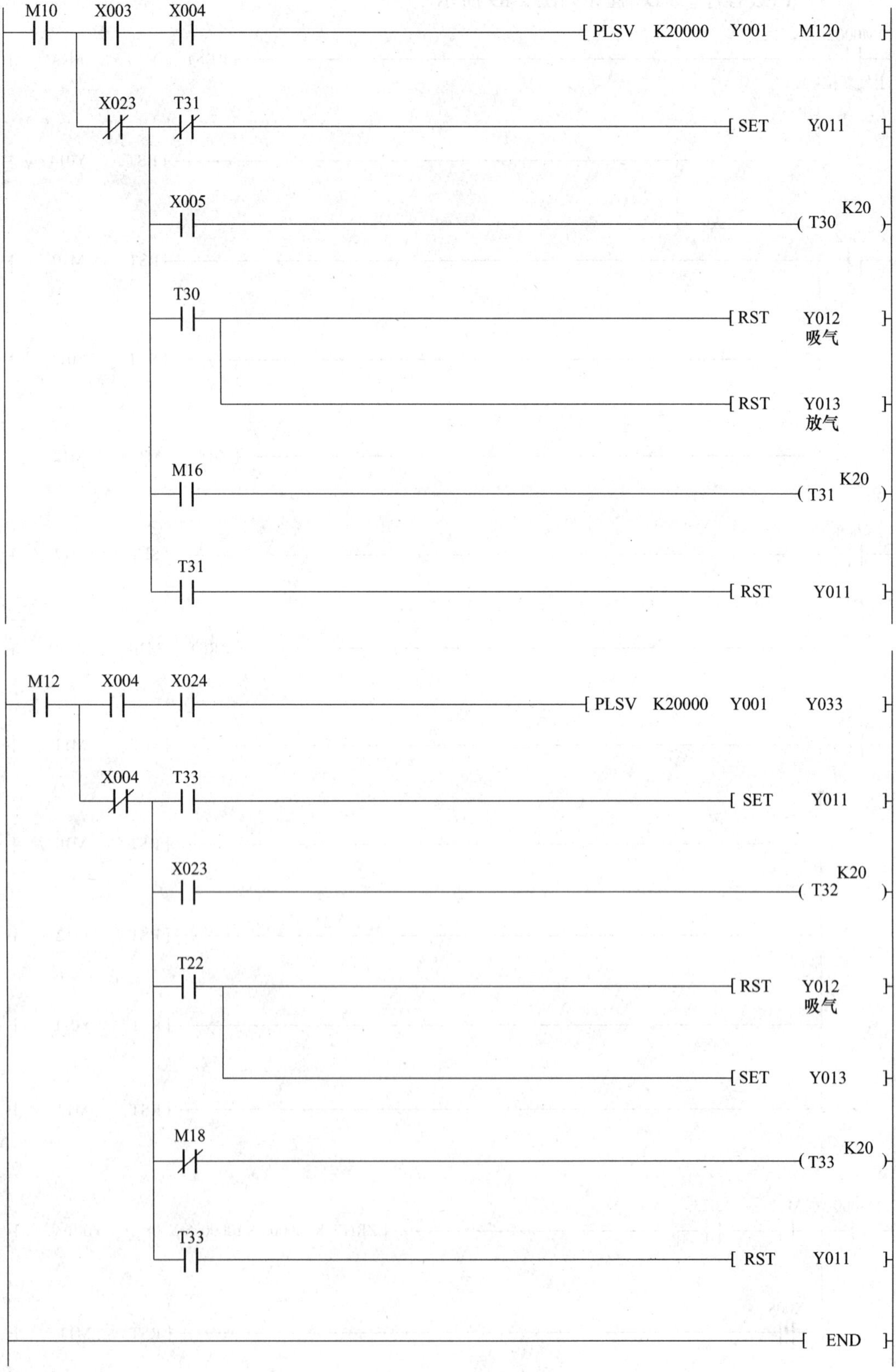

```
M10   X003   X004
─┤├────┤├────┤├──────────────────────────────[ PLSV  K20000  Y001   M120 ]

      X023   T31
      ─┤╱├────┤╱├──────────────────────────────────────[ SET     Y011 ]

             X005                                              K20
             ─┤├───────────────────────────────────────────( T30  )

             T30
             ─┤├────────────────────────────────[ RST     Y012 ]
                │                                          吸气
                │
                └───────────────────────────────[ RST     Y013 ]
                                                           放气
             M16                                              K20
             ─┤├───────────────────────────────────────────( T31  )

             T31
             ─┤├────────────────────────────────────────[ RST     Y011 ]
```

```
M12   X004   X024
─┤├────┤├────┤├──────────────────────────────[ PLSV  K20000  Y001   Y033 ]

      X004   T33
      ─┤╱├────┤├──────────────────────────────────────[ SET     Y011 ]

             X023                                              K20
             ─┤├───────────────────────────────────────────( T32  )

             T22
             ─┤├────────────────────────────────[ RST     Y012 ]
                │                                          吸气
                │
                └───────────────────────────────[ SET     Y013 ]

             M18                                              K20
             ─┤╱├──────────────────────────────────────────( T33  )

             T33
             ─┤├────────────────────────────────────────[ RST     Y011 ]

                                                        [ END ]
```

图 2-89 PLC 程序

2.7.3.2 任务评价

任务评价见表2-26。

表2-26 电路安装任务过程训练评价表

序号	工作过程	工作内容	评 分 标 准	配分	学生自评		教师	
					扣分	得分	扣分	得分
1	资讯	相关知识查找	查找相关知识，初步了解	10				
			基本的掌握相关知识					
			较好地掌握相关知识					
2	决策	编写计划	制定整体设计方案，修改一次扣2分	10				
			制定整体设计方案，修改两次扣5分					
3	实施	记录步骤	实施中步骤记录不完整达到10%，扣2分	10				
			实施中步骤记录不完整达到30%，扣3分					
			实施中步骤记录不完整达到50%，扣5分					
4	结果评价	元件检查	不能用仪表检查元件好坏，扣2分	5				
			仪表使用方法不正确，扣3分					
		布线	接线不紧固、接点松动，每处扣5分	25				
			不符合安装工艺规范，每处扣5分					
			不按图接线，每处扣5分					
		调试效果	1. 第一次调试不成功扣10分	30				
			2. 第二次调试不成功扣20分					
			3. 第三次调试不成功扣30分					
5	职业规范，团队合作	安全文明生产，交流合作，组织协调	1. 不遵守教学场所规章制度，扣2分	10				
			2. 出现重大事故或人为损坏设备扣10分					
			3. 出现短路故障扣5分					
			4. 实训后不清理、整洁现场扣3分					
		合计		100				

学生自评

签字　　　　日期

教师评语

签字　　　　日期

2.7.4 知识检测

（1）龙门式机械手的作用是什么？

（2）龙门式机械手的组成部分有哪些？

（3）龙门式机械手主要应用于哪些生产领域？

（4）什么是伺服电机，有几种类型，工作特点是什么？

任务 2.8　陶瓷质量分拣系统

项目教学目标

知识目标：

（1）掌握 THJDQG 系统分拣系统的相关知识。

（2）掌握 PLC 高速脉冲 PLSV 指令的运用。

（3）掌握 THJDQG 系统仓库单元与传送带传感器单元中分拣物料的逻辑关系。

技能目标：

能够完成工件分拣的自动控制。

素质目标：

学习能力，团队合作能力，文明生产意识。

知识目标

2.8.1　任务描述

在生产系统中，必须对生产出来的每一个工件做检查，同时做工件分类，使用人工分拣效率低下、劳动强度很大，不符合企业要求的高质量、高效率生产要求，于是必须要采用自动分拣系统完成这一任务，陶瓷成品检测装置如图 2-90 所示。

图 2-90　陶瓷成品检测装置

2.8.1.1　任务分析

需要安装控制电路，达到以下要求：按下启动按钮，当传送带左侧上料传感器感应有物料时，传送带开始运行，物料分别经过传送带上方的电感型传感器、电容型传感器和色标传感器，机械手将物料搬运至物料传送仓储单元，最后由气缸把工件推入对应的槽中，运行过程中运行指示灯常亮。当按下停止按钮时，系统停止运行。THJDQG 实训设备中的分拣系统如图 2-91 所示。

请分组合作，分配 I/O 地址，绘制电气原理图，按照原理图完成接线，并按照任务要

求完成 PLC 程序的编写。

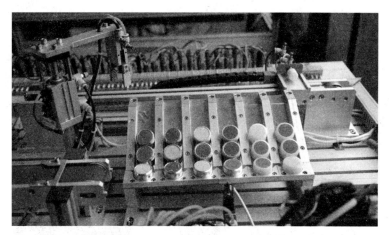

图 2-91　THJDQG 实训设备中的分拣系统

2.8.1.2　任务材料清单

任务材料清单见表 2-27。

表 2-27　需要器材清单

名称	型　号	数量	备注
PLC 模块	FX3U-48M	1 台	
电源模块	三相电源总开关（带漏电和短路保护）1 个，熔断器 3 只，安全插座 5 个，单相电源插座 2 个	1 套	
接线端子	接线端子和安全插座	若干	
万用表	MF30	1 个	
电工工具	电工工具套件	1 套	
导线	专用连接导线	若干	
内六角扳手	3mm、4mm、6mm、8mm 等套件	1 套	
按钮模块	黄、绿、红按钮各 1 只，黄、绿、红指示灯各 1 个，急停按钮 1 个，蜂鸣器 1 个	1 套	
变频器	三菱 FR-E700	1 台	
步进电机	42J1834-810	1 台	
步进驱动器	M415B	2 个	
调速阀	出气节流器	2 个	
磁性传感器	CS-120	若干	
单杆作用缸	SBA-10×30-SA2	3 个	
传感器	电感型传感器	1 个	
传感器	电容性传感器	1 个	
传感器	色标传感器	1 个	

2.8.2　知识链接一

2.8.2.1　步进电机的结构、分类及工作原理

A　步进电机结构

步进电机是利用电磁铁原理，将脉冲信号转换成线位移或角位移的电机。每来一个电脉冲，电机转动一个角度，带动机械移动一小段距离（步距角）。顺序连续地发给脉冲，则电机轴一步接一步地运转。步进电机结构如图2-92所示。

图 2-92　步进电机结构

B　步进电机分类

（1）按工作原理分反应式、永磁式、混合式（Hybrid）三种。

1）反应式步进电动机。转子铁芯用硅钢片或是软磁性材料做成，没有励磁绕组；

2）永磁式步进电动机。转子铁芯用永久性磁铁做成，没有励磁绕组。

3）混合式步进电机。混合式步进电机综合了反应式、永磁式步进电动机两者的优点，它的步距角小、出力大、动态性能好，是目前性能最高的步进电动机。它有时也称作永磁感应子式步进电动机。

（2）按输出转矩大小分：

1）快速步进电机（输出扭矩0.07~4N·m），可控制小型精密机床的工作台；

2）功率步进电机（输出扭矩5~40N·m），可直接驱动机床移动部件。

（3）按励磁相数分有二相、三相、四相、五相、六相、八相等。

C　步进电机的工作原理

当给 A 相通电时，由于定子 A 齿和转子的 1 齿对齐，没有切向力，转子静止。接着给 B 相绕组通电时，转子位置如图 2-93（a）所示，转子齿偏离定子齿一个角度（30°）。由于励磁磁通力图沿磁阻最小路径通过，因此对转子产生电磁吸力，迫使转子齿转动，当转子转到与定子齿对齐位置时（图 2-93（b）），因转子只受径向力而无切线力，故转矩为零，转子被锁定在这个位置上。

由此可见，错齿是促使步进电机旋转的根本原因。

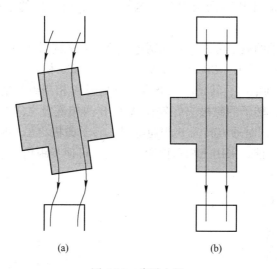

(a)　　　　　　　　　　　　(b)

图 2-93　步进电机

2.8.2.2　步进电动机的通电方式（以三相步进电机为例）

（1）单相通电方式："单"指每次切换前后只有一相绕组通电。

正转：A—B—C—A 时，转子按顺时针方向一步一步转动。

反转：A—C—B—A 时，转子按逆时针方向一步一步转动。

（2）双拍工作方式："双"是指每次有两厢绕组通电。

正转：AB—BC—CA—AB。

反转：AC—CB—BA—AC。

（3）单、双拍工作方式：单双两种通电方式的组合应用。

正转：A—AB—B—BC—C—CA—A。

反转：A—AC—C—CB—B—BA—A。

对于上述三相反应式步进电机，其运行方式有单三拍、单双拍及双三拍等通电方式。

"单""双""拍"的意思是："单"是指每次切换前后只有一相绕组通电，"双"就是指每次有两相绕相通电，而从一种通电状态转换到另一种通电状态就叫做一"拍"。

"相"指步进电机定子绕组的对数。

当 A 相绕组通以直流电流时，根据电磁学原理，便会在 AA 方向上产生一磁场，在磁场电磁力的作用下，吸引转子，使转子的齿与定子 AA 磁极上的齿对齐。若 A 相断电，B 相通电，这时新的磁场其电磁力又吸引转子的两极与 BB 磁极齿对齐，转子沿顺时针转过

60°。通常，步进电机绕组的通断电状态每改变一次，其转子转过的角度称为步距角。图 2-94 所示步进电机的步距角等于 60°。

如果控制线路不停地按 A→B→C→A…的顺序控制步进电机绕组的通断电，步进电机的转子便不停地顺时针转动。

若通电顺序改为 A→C→B→A…，同理，步进电机的转子将逆时针不停地转动。

图 2-95 中的步进电机，定子仍是 A，B，C 三相，每相两极，但转子不是两个磁极而是 4 个。当 A 相通电时，是 1 极和 3 极与 A 相的两极对齐，很明显，当 A 相断电、B 相通电时，2 极和 4 极将与 B 相两极对齐。这样，在三相三拍的通电方式中，步距角等于 30°。

还有一种三相六拍的通电方式，它的通电顺序是：顺时针为 A→AB→B→BC→C→CA→A…；逆时针为 A→AC→C→CB→B→BA→A…。若以三相六拍通电方式工作，当 A 相通电转为 A 和 B 同时通电时，转子的磁极将同时受到 A 相绕组产生的磁场和 B 相绕组产生的磁场的共同吸引，转子的磁极只好停在 A 和 B 两相磁极之间，这时它的步距角等于 15°。当由 A 和 B 两相同时通电转为 B 相通电时，转子磁极再沿顺时针旋转 15°，与 B 相磁极对齐。其余依此类推。采用三相六拍通电方式，可使步距角缩小一半。

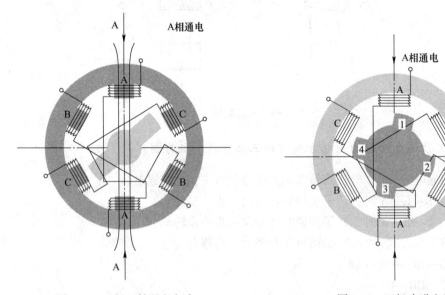

图 2-94　三相三拍通电方式　　　　　图 2-95　四极步进电机

齿距角 $\tau = 360°/Z$，Z 为转子的齿数。

步距角的定义：由一个通电状态改变到下一个通电状态时，电动机转子所转过的角度称为步距角。

$$\beta = 360/(ZKm)$$

式中　Z——转子齿数；

　　　m——定子绕组相数；

　　　K——通电系数，当前后通电相数一致时 $K=1$，否则 $K=2$。

例如：若二相步进电动机的 $Z=100$，单拍运行时，其步距角为

$$\beta = \frac{360°}{2 \times 100} = 1.8°$$

若按单、双通电方式运行时，步距角为

$$\beta = \frac{360°}{2 \times 2 \times 100} = 0.9°$$

2.8.2.3　步进驱动器

步进电机驱动器是一种将电脉冲转化为角位移的执行机构。当步进驱动器接收到一个脉冲信号，它就驱动步进电机按设定的方向转动一个固定的角度（称为"步距角"），它的旋转是以固定的角度一步一步运行的。步进电动机不能直接接到直流或交流电源上工作，必须使用专用的驱动电源（步进电动机驱动器）。可以通过控制脉冲个数来控制角位移量，从而达到准确定位的目的；同时可以通过控制脉冲频率来控制电机转动的速度和加速度，从而达到调速和定位的目的，如图 2-96 所示。

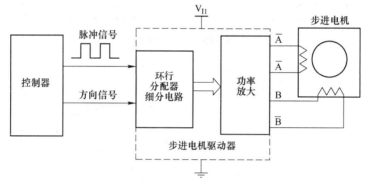

图 2-96　电机控制原理图

A　步进电机驱动器接线方法

步进电机驱动器的接线方法分为共阳极接法（图 2-97）、共阴极接法（图 2-98）和差分方式接法，如图 2-99 所示。

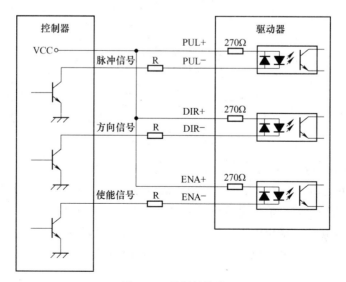

图 2-97　共阳极接法

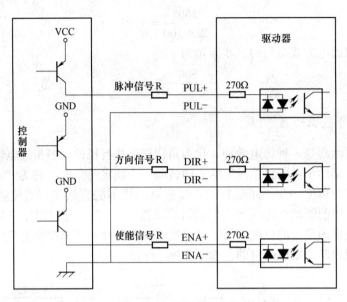

图 2-98　共阴极接法

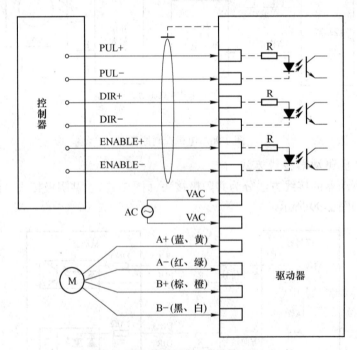

图 2-99　差分方式接法

B　4线、6线和8线电机接线方法（如图 2-100 所示）

4线电机和6线电机高速度模式：输出电流设成等于或略小于电机额定电流值；

六线电机高力矩模式：输出电流设成电机额定电流的 0.7 倍；

八线电机并联接法：输出电流应设成电机单极性接法电流的 1.4 倍；

八线电机串联接法：输出电流应设成电机单极性接法电流的 0.7 倍。

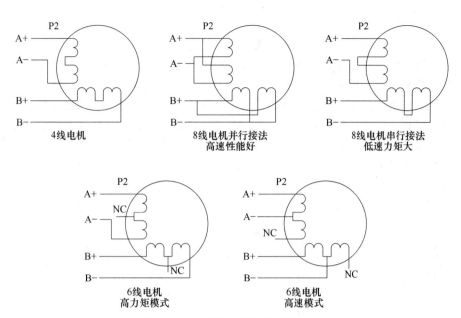

图 2-100　6 线和 8 线电机接线方法

C　2M415 典型接线方法（如图 2-101 所示）

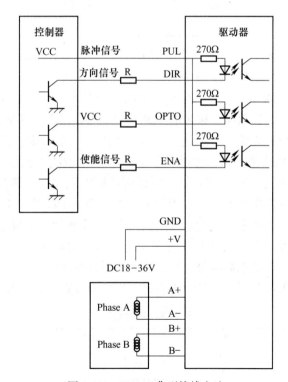

图 2-101　2M415 典型接线方法

注意：当 VCC 为 5V 时，R = 0。

当 VCC 为 12V 时，R = 1K，大于 1/8W。

当 VCC 为 24V 时，R = 2K，大于 1/8W。

D　2M415 拨码开关的设置

2M415 步进驱动器共有 6 位拨码开关。

一般步进电机标注的电流是相电流（或电阻），就是每组线圈的电流值（或电阻），如果两相六线制步进电机采用第一种接法，相当于将两组线圈串联起来，那么其每相电阻加大，额定工作电流减小，即使驱动器设置成标称电流也达不到各相的额定输出值，所以在选用驱动器和步进电机时出现电流匹配问题。正确的方法是应将驱动器的输出电流设定为步进电机额定相电流的 0.7 倍（也不是通常认为串联起来的电流减半）。例如一个带中心抽头的两相步进电机，标称电流是 3A，驱动器电流应该设定为 3×0.7 = 2.1A。所以就出现你尽管选了 3A 的步进电机，实际上它的功率相当于两相四线制的 2.1A 步进电机，2M415 步进驱动器电流设置见表 2-28。

表 2-28　电流大小设定

电流/A	SW1	SW2	SW3
0.21	OFF	ON	ON
0.42	ON	OFF	ON
0.63	OFF	OFF	ON
0.84	ON	ON	OFF
1.05	OFF	ON	OFF
1.26	ON	OFF	OFF
1.50	OFF	OFF	OFF

步进电机的细分技术实质上是一种电子阻尼技术，其主要目的是减弱或消除步进电机的低频振动，提高电机的运转精度只是细分技术的一个附带功能。细分后电机运行时的实际步距角是基本步距角的几分之一。两相步进电机的基本步距角是 1.8°，即一个脉冲走 1.8°，如果没有细分，则是 200 个脉冲走一圈 360°，细分是通过靠驱动器精确控制电机的相电流所产生的，与电机无关，如果是 10 细分，则发一个脉冲电机走 0.18°，即 2 000 个脉冲走一圈 360°，电机的精度能否达到或接近 0.18°，还取决于细分驱动器的细分电流控制精度等其他因素。不同厂家的细分驱动器精度可能差别很大；细分数越大精度越难控制，以此类推。三相步进电机的基本步距角是 1.2°，即一个脉冲走 1.2°，如果没有细分，则是 300 个脉冲走一圈 360°；如果是 10 细分，则发一个脉冲，电机走 0.12°，即 3 000 个脉冲走一圈 360°，以此类推。在电机实际使用时，如果对转速要求较高，且对精度和平稳性要求不高的场合，不必选高细分。在实际使用时，在转速很低的情况下，应该选大细分，确保平滑，减少振动和噪声。2M415 步进电机细分设定见表 2-29。

表 2-29　细分设定

细分	SW4	SW5	SW6
1	ON	ON	ON
2	OFF	ON	ON
4	ON	OFF	ON
8	OFF	OFF	ON
16	ON	ON	OFF
32	OFF	ON	OFF
64	ON	OFF	OFF

2.8.3　知识链接二

2.8.3.1　任务实施

（1）分配 I/O 地址，见表2-30。

表2-30　I/O 地址

输入地址			输出地址		
序号	地址	备注	序号	地址	备注
1	X2	启动按钮	1	Y0	步进电机驱动器脉冲输出端
2	X3	停止按钮	2	Y2	步进电机驱动器方向控制端
3	X12	机械手臂上限位	3	Y5	旋转气缸电磁阀
4	X13	机械手臂下限位	4	Y6	升降气缸电磁阀
5	X14	气缸逆时针限位	5	Y7	气动手抓电磁阀
6	X15	气缸顺时针限位	6	Y14	运行指示灯
7	X7	电感传感器	7	Y15	停止指示灯
8	X10	电容传感器			
9	X11	色标传感器			
10	X23	步进电机回原位传感器			
11	X5	上料检测传感器			

（2）PLC 接线图。系统 PLC 接线图如图2-102所示。

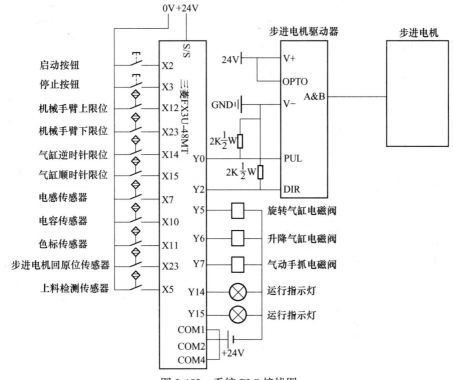

图2-102　系统 PLC 接线图

（3）PLC 程序。PLC 程序如图 2-103 所示。

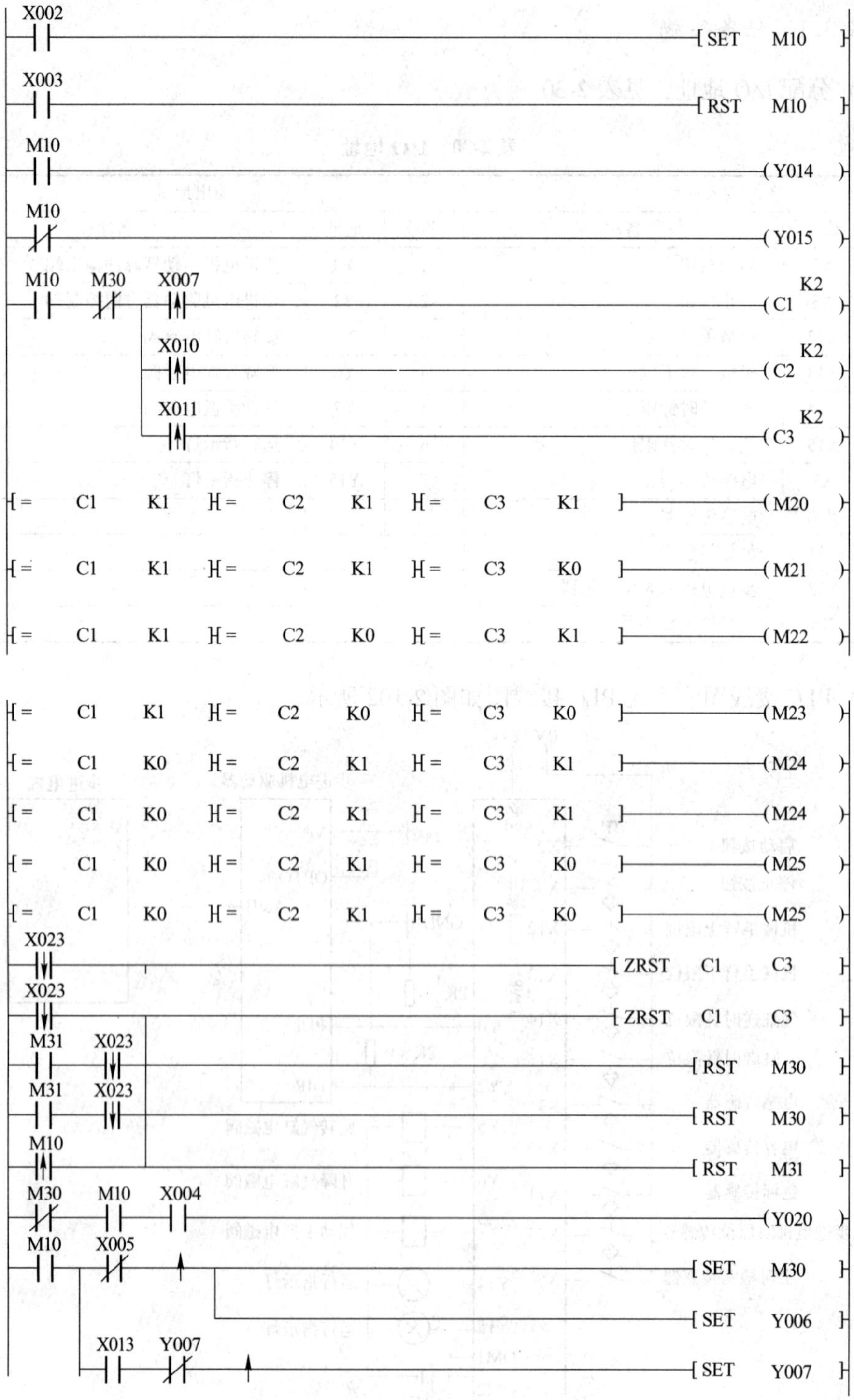

图 2-103 PLC 程序

```
  Y007              ↑
  ─┤├──────────────────────────────────────────────[ RST    Y006 ]

           X012
           X012
           ─┤├──────────────────────────────────────[ SET    Y005 ]

  X014
  X014              ↑
  ─┤├──────────────────────────────────────────────[ SET    Y006 ]

  X013
  X013
  ─┤├──────────────────────────────────────────────[ RST    Y007 ]

          │─────────────────────────────────────────[ RST    Y006 ]

  X015  X012  X006
  X015  X012  X006
  ─┤├──┤├──┤/├──────────────────────────────────────[ RST    Y005 ]

 M30   M10   X006  M20
 ─┤├──┤├──┤/├──┤├──────────────────────[DPLSY  K10000  K10000  Y000 ]

              M21
              M21
              ─┤├────────────────────────[DPLSY  K10000  K20000  Y000 ]

              M22
              M22
              ─┤├────────────────────────[DPLSY  K10000  K30000  Y000 ]

              M23
              M23
              ─┤├────────────────────────[DPLSY  K10000  K40000  Y000 ]

              M24
              M24
              ─┤├────────────────────────[DPLSY  K10000  K50000  Y000 ]

              M25
              M25
              ─┤├────────────────────────[DPLSY  K10000  K60000  Y000 ]

              M20
              M20
              ─┤├──────────────────────────────────[ SET    M31 ]

              M21   T3
              M21   T3
              ─┤├──┤/├───────────────────────────────(Y002 )

              M22
              M22
```

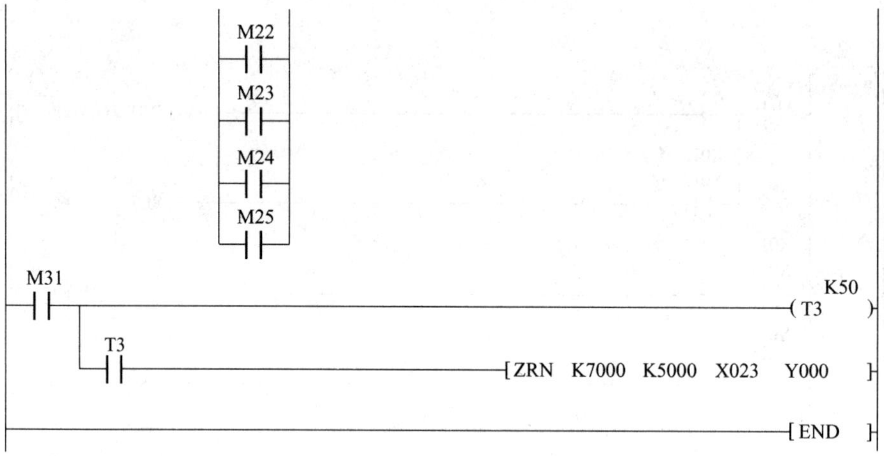

图 2-103　PLC 程序

2.8.3.2　任务评价

任务评价见表 2-31。

表 2-31　电路安装任务过程训练评价表

序号	工作过程	工作内容	评 分 标 准	配分	学生自评		教师	
					扣分	得分	扣分	得分
1	资讯	相关知识查找	查找相关知识，初步了解	10				
			基本掌握相关知识					
			较好掌握相关知识					
2	决策	编写计划	制定整体设计方案，修改一次扣 2 分	10				
			制定整体设计方案，修改两次扣 5 分					
3	实施	记录步骤	实施中步骤记录不完整达到 10%，扣 2 分	10				
			实施中步骤记录不完整达到 30%，扣 3 分					
			实施中步骤记录不完整达到 50%，扣 5 分					
4	结果评价	元件检查	不能用仪表检查元件好坏，扣 2 分	5				
			仪表使用方法不正确，扣 3 分					
		布线	接线不紧固、接点松动，每处扣 5 分	25				
			不符合安装工艺规范，每处扣 5 分					
			不按图接线，每处扣 5 分					
		调试效果	1. 第一次调试不成功扣 10 分	30				
			2. 第二次调试不成功扣 20 分					
			3. 第三次调试不成功扣 30 分					

续表 2-31

序号	工作过程	工作内容	评 分 标 准	配分	学生自评		教师	
					扣分	得分	扣分	得分
5	职业规范，团队合作	安全文明生产，交流合作，组织协调	1. 不遵守教学场所规章制度，扣 2 分	10				
			2. 出现重大事故或人为损坏设备扣 10 分					
			3. 出现短路故障扣 5 分					
			4. 实训后不清理、整洁现场扣 3 分					
		合计		100				

学生自评

签字   日期

教师评语

签字   日期

2.8.4 知识检测

（1）自动化分拣系统的优点是什么？

（2）自动化分拣系统主要由哪几个部分组成？

（3）自动化分拣系统的作用是什么？

（4）步进电机控制器的工作原理是什么？

模块 3 陶瓷企业复杂电气设备的安装与维护

任务 3.1 传送机构定速控制系统

项目教学目标

知识目标：

(1) 了解三菱变频器 D740 的操作面板。

(2) 掌握三菱变频器 D740 的基本操作。

(3) 掌握三菱变频器 D740 的固定频率参数设置。

技能目标：

(1) 能对三菱变频器 D740 进行参数清零。

(2) 能设定三菱变频器 D740 运行模式。

(3) 能改变三菱变频器 D740 的参数来控制电动机转速。

素质目标：

(1) 具有团队协作精神。

(2) 具有良好的职业道德和岗位责任感。

(3) 具有良好的学习能力和动手能力。

知识目标

3.1.1 任务描述

在陶瓷生产过程中，采用了泰莱翻坯机对经过瓷砖压砖机压制过后的瓷坯进行翻转，在翻转的时候要根据生产的陶瓷具体情况改变翻转电机的转速。泰莱翻坯机采用了三菱通用变频器 FR-D740-0.4K~0.75K-CHT 进行速度给定控制，如何对翻转电机的速度进行改变是本节课学习的目的。瓷砖翻转机如图 3-1 所示。

3.1.1.1 任务分析

通过对陶瓷翻转机的分析，一台变频器控制翻转机的一台电动机运行，翻转机的速度在生产前已经确定，如果要对翻转机改变电机的运行速度需要学习：

(1) 如何使用三菱通用变频器 FR-D740-0.4K~0.75K-CHT 的控制面板；

(2) 如何清除以前设定在三菱变频器中的参数；

(3) 如何设定三菱变频器的上限速度及下限速度；

(4) 如何设定三菱变频器的上升时间及下降时间；

(5) 如何改变三菱变频器的给定频率。

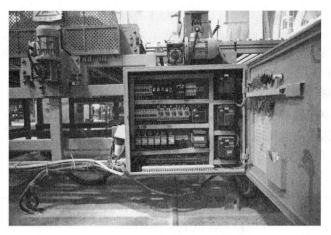

图 3-1　陶瓷翻转机

3.1.1.2　任务材料清单

任务材料清单见表 3-1。

表 3-1　需要器材清单

名　　称	型　　号	数量	备注
变频器	FR-D740	1 台	
计算机	自行配置	1 台	
传送机构		1 套	
按钮	LA4-3H	1 个	
可编程控制器	FX3U-48MT	1 台	
编程电缆	定制	1 根	
三相减速电机	40r/min，380V	1 台	
连接导线		若干	
电工工具和万用表	万用表 MF47	1 套	
接线端子		若干	
编码器	ZSP3004-001E-200B-5-24C	1 个	

3.1.2　知识链接一

3.1.2.1　E700 系列变频器面板和型号

变频器的型号意义如图 3-2 所示。

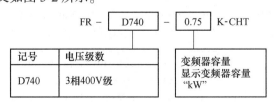

图 3-2　变频器型号、意义

3.1.2.2　端子接线图

工业自动化领域常用到各品牌变频器型号，比如西门子变频器、施耐德变频器、三菱变频器等，常用的三菱变频器接线图如下。

（1）三菱变频器接线图如图 2-34 所示。

（2）标准控制电路端子。部分的端子可以通过 Pr. 178～Pr. 182、Pr. 190、Pr. 192（输入输出端子功能选择）选择端子功能。

1）输入信号见表 3-2。

表 3-2　输入信号

种类	端子记号	端子名称	端子功能说明		额定规格
接点输入	STF	正转启动	STF 信号 ON 时为正转、OFF 时为停止指令		输入电阻 4.7kW 开路时电压 DC21～26V 短路时 DC4～6mA
	STR	反转启动	STR 信号 ON 时为反转、OFF 时为停止指令	STF、STR 信号同时 ON 时变成停止指令	
	RH、RM、RL	多段速度选择	用 RH、RM 和 RL 信号的组合可以选择多段速度		
	SD	接点输入公共端（漏型）（初始设定）	接点输入端子（漏型逻辑）的公共端子		一
		外部晶体管公共端（源型）	源型逻辑时当连接晶体管输出（即集电极开路输出）、例如可编程控制器（PLC）时，将晶体管输出用的外部电源公共端接到该端子时，可以防止因漏电引起的误动作		
		DC24V 电源公共端	DC24V 0.1A 电源（端子 PC）的公共输出端子。与端子 5 及端子 SE 绝缘		
	PC	外部晶体管公共端（漏型）（初始设定）	漏型逻辑时当连接晶体管输出（即集电极开路输出）。例如可编程控制器（PLC）时，将晶体管输出用的外部电源公共端接到该端子时，可以防止因漏电引起的误动作		电源电压范围 DC22～26.5V 容许负载电流 100mA
		接点输入公共端（源型）	接点输入端子（源型逻辑）的公共端子		
		DC24V 电源	可作为 DC24V、0.1A 的电源使用		
频率设定	10	频率设定用电源	作为外接频率设定（速度设定）用电位器时的电源使用（参照 Pr. 73 模拟量输入选择）		DC5.0V±0.2V 容许负载电流 10mA
	2	频率设定（电压）	如果输入 DC0～5V（或 0～10V），在 5V（10V）时为最大输出频率，输入输出成正比。通过 Pr. 73 进行 DC0～5V（初始设定）和 DC0～10V 输入的切换操作		输入电阻 10kΩ±1kΩ，最大容许电压 DC20V

续表 3-2

种类	端子记号	端子名称	端子功能说明	额定规格
频率设定	4	频率设定（电流）	如果输入 DC4~20mA（或 0~5V，0~10V），在 20mA 时为最大输出频率，输入输出成正比。只有 AU 信号为 ON 时端子 4 的输入信号才会有效（端子 2 的输入将无效）。通过 Pr.267 进行 4~20mA（初始设定）和 DC0~5V、DC0~10V 输入的切换操作。电压输入（0~5V/0~10V）时，请将电压/电流输入切换开关切换至"V"	电流输入的情况下：输入电阻 233±5 最大允许电流 30mA 电压输入的情况下：输入电阻 10k±1k 最大容许电压 DC20V 电流输入（初始状态）□电压输入
	5	频率设定公共端	频率设定信号（端子 2 或 4）及端子 AM 的公共端。请勿接大地	—
PTC 热敏电阻	10 2	PTC 热敏电阻输入	连接 PTC 热敏电阻输出。将 PTC 热敏电阻设定为有效（Pr.561 ≠ "9999"）后，端子 2 的频率设定无效	适用 PTC 热敏电阻电阻值 100Ω~30kΩ

2）输出信号见表 3-3。

表 3-3　输出信号

种类	端子记号	端子名称	端子功能说明		额定规格
继电器	A、B、C	继电器输出（异常输出）	指示变频器因保护功能动作时输出停止的 1c 接点输出。异常时：B-C 间不导通（A-C 间导通），正常时：B-C 间导通（A-C 间不导通）		接点容量 AC230V 0.3A（功率因数 = 0.4）DC30V 0.3A
集电极开路	RUN	变频器正在运行	变频器输出频率大于或等于启动频率（初始值 0.5Hz）时为低电平，已停止或正在直流制动时为高电平。低电平表示集电极开路输出用的晶体管处于 ON（导通状态）。高电平表示处于 OFF（不导通状态）		容许负载 DC24V（最大 DC27V）0.1A（ON 时最大电压降 3.4V）
	SE	集电极开路输出公共端	端子 RUN 的公共端子		—
模拟	AM	模拟电压输出	可以从多种监示项目中选一种作为输出。变频器复位中不被输出。输出信号与监示项目的大小成比例	输出项目：输出频率（初始设定）	输出信号 DC0~10V 许可负载电流 1mA（负载阻抗 10kW 以上）分辨率 8 位

3）通信见表 3-4。

表 3-4　通信

种类	端子记号	端子名称	端子功能说明
RS｜485	—	PU 接口	通过 PU 接口，可进行 RS-485 通信。 ·标准规格：EIA-485（RS-485） ·传输方式：多站点通信 ·通信速率：4800~38400bps ·总长距离：500m

4) 生产厂家设定用端子见表 3-5。

表 3-5　生产厂家设定用端子

端子记号	端子功能说明
S1	请勿连接任何设备，否则可能导致变频器故障。 另外，请不要拆下连接在端子 S1-SC、S2-SC 间的短路用电线。任何一个短路用电线被拆下后，变频器都将无法运行。
S2	
SO	
SC	

3.1.2.3　操作面板各部分名称

面板各部分名称如图 3-3 所示。

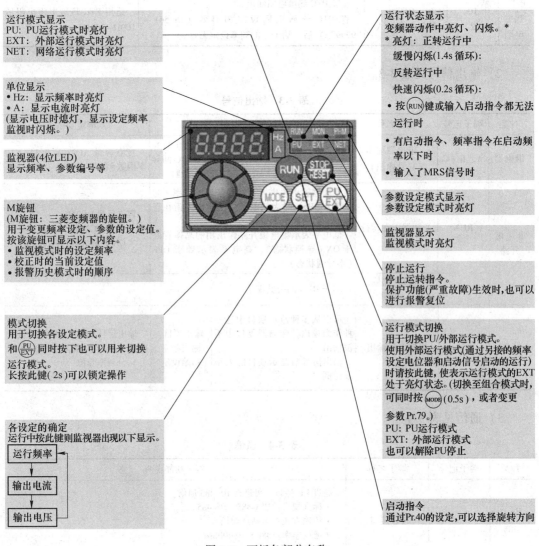

运行模式显示
PU：PU运行模式时亮灯
EXT：外部运行模式时亮灯
NET：网络运行模式时亮灯

单位显示
• Hz：显示频率时亮灯
• A：显示电流时亮灯
(显示电压时熄灯，显示设定频率监视时闪烁。)

监视器(4位LED)
显示频率、参数编号等

M旋钮
(M旋钮：三菱变频器的旋钮。)
用于变更频率设定、参数的设定值。
按该旋钮可显示以下内容。
• 监视模式时的设定频率
• 校正时的当前设定值
• 报警历史模式时的顺序

模式切换
用于切换各设定模式。
和 PU/EXT 同时按下也可以用来切换运行模式。
长按此键(2s)可以锁定操作

各设定的确定
运行中按此键则监视器出现以下显示。

运行频率 → 输出电流 → 输出电压

运行状态显示
变频器动作中亮灯、闪烁。*
* 亮灯：正转运行中
缓慢闪烁(1.4s 循环)：
反转运行中
快速闪烁(0.2s 循环)：
• 按 RUN 键或输入启动指令都无法运行时
• 有启动指令、频率指令在启动频率以下时
• 输入了MRS信号时

参数设定模式显示
参数设定模式时亮灯

监视器显示
监视模式时亮灯

停止运行
停止运转指令。
保护功能(严重故障)生效时，也可以进行报警复位

运行模式切换
用于切换PU/外部运行模式。
使用外部运行模式(通过另接的频率设定电位器和启动信号启动的运行)时请按此键，使表示运行模式的EXT处于亮灯状态。(切换至组合模式时，可同时按 MODE (0.5s)，或者变更参数Pr.79。)
PU：PU运行模式
EXT：外部运行模式
也可以解除PU停止

启动指令
通过Pr.40的设定，可以选择旋转方向

图 3-3　面板各部分名称

3.1.2.4 基本操作

基本操作方法如图 2-35 所示。

（1）参数清除，全部清除：

1）供给电源时的画面监视器显示；

2）按⊕键切换到 PU 运行模式；

3）按⊛键进行参数设定；

4）旋转 M 旋钮找到 Pr. CL 或 ALLC；

5）按⊛键读取当前设定值；

6）旋转 M 旋钮改变设定值为 1；

7）长按⊛键进行设置，如图 3-4 所示。

（2）设置输出频率的上限与下限（Pr. 1、Pr. 2）。以下给出 Pr. 1 的参数调整步骤（见图 3-5）：

1）供给电源时的画面监视器显示；

2）按⊕键切换到 PU 运行模式；

3）按⊛键进行参数设定；

4）旋转 M 旋钮找到 Pr. 1；

5）按⊛键读取当前设定值 120.0；

6）旋转 M 旋钮改变设定值为 50.00；

7）长按⊛键进行设置。

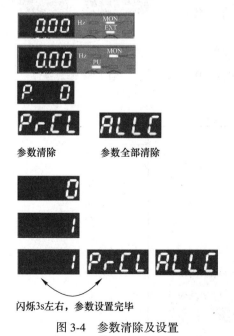

图 3-4 参数清除及设置   图 3-5 参数调整

（3）设置电子过电流保护（Pr. 9），如图 3-6 所示。

1）供给电源时的画面监视器显示；

2）按⑫键切换到 PU 运行模式；

3）按⑯键进行参数设定；

4）旋转 M 旋钮找到 Pr. 9；

5）按⑯键读取当前设定值 4. 00，（FR-D740-1. 5K 显示初始值为 4A）；

6）旋转 M 旋钮改变设定值为"3. 50"（3. 5A）；

7）长按⑯键进行设置。

图 3-6　电子过电流保护

（4）改变加速时间与减速时间（Pr. 7、Pr. 8）。以下给出 Pr. 7 的参数调整步骤。

1）供给电源时的画面监视器显示；

2）按⑫键切换到 PU 运行模式；

3）按⑯键进行参数设定；

4）旋转 M 旋钮找到 Pr. 7；

5）按⑯键读取当前设定值 5. 0；

6）旋转 M 旋钮改变设定值为 10. 0；

7）长按⑯键进行设置，如图 3-7 所示。

（5）用外部端子实现变频器的外部启动和停止。

1）按图 3-8 所示完成电路的接线，启动变频器使其运行在 20Hz 频率下。

2）训练步骤：

①按照电路图完成电路的连接，并接通电源和负载；

②清除变频器参数；

③设置变频器参数 Pr. 79＝1，此时 PU 指示灯亮；

④设置变频器参数 Pr. 1＝50Hz，Pr. 2＝0Hz，Pr. 3＝50Hz，Pr. 6＝20Hz，Pr. 7＝4S，Pr. 8＝6S；

闪烁3s左右，参数设置完毕

图 3-7　参数设置

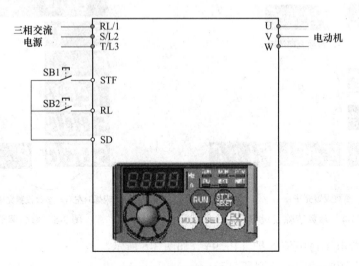

图 3-8　电路接线图

⑤根据电动机的额定电流设置 Pr. 9 的参数，变频器其他参数采用默认值；

⑥设置完成后将 Pr. 79 的参数设置为 2；

⑦压下 SB1 按钮观察变频器和电动机运行状况，再压下 SB2 观察变频器和电动机运行情况；

⑧同时松开两个按钮观察系统状态。

3.1.3 知识链接二

3.1.3.1 工艺要求及任务实施

从学习任务描述分析，皮带输送机由三相异步电动机拖动，并由变频器和 PLC 组成的系统进行控制。现要求变频器工作在 20Hz 频率下控制电动机拖动皮带机运转，如图3-9所示，当压下 SB1 按钮时电动机启动，当压下 SB2 按钮时皮带机停止。

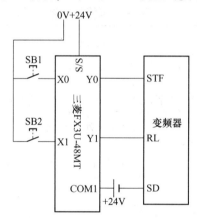

图 3-9 皮带输送机接线图

3.1.3.2 任务实施

（1）按图接线。按照电路图完成电路的连接，并接通电源和负载。

（2）变频器参数设置：

1）清除变频器参数；

2）设置变频器参数 Pr. 79 = 1，此时 PU 指示灯亮；

3）设置变频器参数 Pr. 1 = 50Hz，Pr. 2 = 0Hz，Pr. 3 = 50Hz，Pr. 6 = 20Hz，Pr. 7 = 4S，Pr. 8 = 6S；

4）根据电动机的额定电流设置 Pr. 9 的参数，变频器其他参数采用默认值；

5）设置完成后将 Pr. 79 的参数设置为 2。

（3）编写 PLC 控制程序，如图 3-10 所示。

（4）程序调试：

1）调整皮带机运行正常；

2）连接 PLC 的输入按钮和电源，调试 PLC 工作正常；

3）接线图完成系统接线，并检查接线是否正确；

4）变频器输出端不接电动机的情况下，压下 SB1 按钮观察 PLC 和变频工作是否正常；

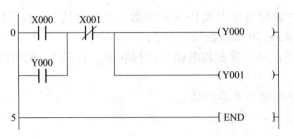

图 3-10 PLC 程序

5）如系统正常则关闭系统，将电动机接到变频器的输出端后，再次调试系统。

3.1.3.3 安装、调试任务过程

训练评价表见表 3-6。

表 3-6 训练评价表

序号	主要内容	考核要求	评分标准	配分	扣分	得分
1	安装	1. 按图纸的要求，正确使用工具和仪表，熟练安装电气元器件； 2. 元件在配电板上布置要合理，安装要准确、紧固； 3. 按钮盒不固定在板上	1. 元件布置不整齐、不匀称、不合理，每个扣 2 分； 2. 元件安装不牢固、安装元件时漏装螺钉，每个扣 2 分； 3. 损坏元件，每个扣 4 分	15		
2	接线	1. 布线要求横平竖直，接线紧固美观； 2. 电源和电动机配线、按钮接线要接到端子排上，要注明引出端子标号； 3. 导线不能乱线敷设	1. 电动机运行正常，但未按电路图接线，扣 2 分； 2. 布线不横平竖直，主、控制电路，每根扣 1 分； 3. 接点松动、接头露铜过长、反圈、压绝缘层，标记线号不清楚、遗漏或误标，每处扣 1 分； 4. 损伤导线绝缘或线芯，每根扣 1 分； 5. 导线乱线敷设扣 15 分	20		
3	参数设置	正确设置参数	1. 设置参数前没有对变频器进行参数清除操作扣 5 分； 2. 未按要求设置运行频率扣 10 分； 3. 没有设置上下限频率扣 5 分； 4. 未设置 Pr.9 参数扣 5 分； 5. 不会设置其他参数，错一个扣 5 分	30		
4	PLC 程序	程序正确性	出错扣 5 分	10		
5	系统调试	在保证人身和设备安全的前提下，通电试验一次成功	一次试车不成功扣 5 分；二次试车不成功扣 10 分；三次试车不成功扣 20 分	25		
6	安全文明	在操作过程中注意保护人身安全及设备安全（该项不配分）	1. 操作者要穿着和携带必需的劳保用品，否则扣 5 分； 2. 作业过程中要遵守安全操作规程，有违反者扣 5~10 分； 3. 要做好文明生产工作，结束后做好清理板面、台面、地面，否则每项扣 5 分； 4. 损坏仪器仪表扣 10 分； 5. 损坏设备扣 10~99 分； 6. 出现人身事故扣 99 分			

序号	主要内容	考核要求	评分标准	配分	扣分	得分
学生签字：			合计	100		
		教师签字				
	年　月　日		年　月　日			

3.1.4　知识检测

3.1.4.1　选择题

（1）输入电源必须接到变频器输入端子（　　）上。

A. U、V、W　　　　B. R、S、T　　　C. L1、L2、L3　　　D. S1、S2、S3

（2）电动机必须接到变频器输出端子（　　）上。

A. U、V、W　　　　B. R、S、T　　　C. L1、L2、L3　　　D. S1、S2、S3

（3）上限频率和下限频率是指变频器输出的最高、最低频率，一般可通过（　　）来设置。

A. 按钮　　　　　　B. 参数　　　　　C. 电位器　　　　D. 指示灯

（4）工业自动化领域常用到各品牌变频器型号，比如（　　）、施耐德变频器、三菱变频器等。

A. ABB 变频器　　　B. 松下变频器　　C. 西门子变频器　D. GE 变频器

（5）变频器输入侧的额定值主要是（　　）和相数。

A. 速度　　　　　　B. 电流　　　　　C. 电压　　　　　D. 功率

（6）参数清除的代码是（　　）。

A. Pr. CL　　　　　B. Pr. 24　　　　C. Pr. 26　　　　D. Pr. 36

（7）改变设定值时，通过（　　）来增加或者减少。

A. M　　　　　　　B. Q　　　　　　C. B　　　　　　D. X

（8）设置电子过电流保护的参数是（　　）。

A. Pr. 19　　　　　B. Pr. 9　　　　　C. Pr. 29　　　　D. Pr. 39

3.1.4.2　判断题

（1）变频器可以用变频器的操作面板来输入频率的数字量。　　　　　　　　　　（　　）

（2）变频器与外部连接的端子分为主电路端子和控制电路端子。　　　　　　　　（　　）

（3）变频器基准频率也叫基本频率。　　　　　　　　　　　　　　　　　　　　（　　）

（4）上限频率和下限频率是指变频器输出的最高、最低频率。　　　　　　　　　（　　）

（5）点动频率是指变频器在点动时的给定频率。　　　　　　　　　　　　　　　（　　）

3.1.4.3　简答题

（1）变频器为什么要设置上限频率和下限频率？

（2）变频器主电路中安装的断路器有什么作用？

任务 3.2　传送机构变速控制系统

项目教学目标

知识目标：

（1）掌握三菱变频器运行模式及参数禁止选择。

（2）掌握三相异步电动机正反转控制及反转防止选择。

（3）掌握三相异步电动机速度调节。

技能目标：

（1）能设置变频器运行模式。

（2）能改变三相异步电动机旋转方向。

（3）能改变三相异步电动机速度。

（4）能够设定点动运行用的频率和加减速时间。

素质目标：

（1）具有团队协作精神。

（2）具有良好的职业道德和岗位责任感。

（3）具有良好的学习能力和动手能力。

知识目标

3.2.1　任务描述

在企业生产中经常要对电动机速度的控制，采用传统的继电—接触器控制方式实现对电动机的速度进行改变比较复杂，并且要额外添加辅助设备，如定子绕组串电阻调速，增加了设备成本，同时增加了很多不必要的能量损耗和故障出现的几率。如果将电动机的转速改变由变频器来实现可以很容易避免上述情况出现。

3.2.1.1　任务分析

通过设置三菱变频器的参数实现改变电动机的速度。在完成电动机转速改变之前还需要学习以下知识：

（1）运行模式的选择。

（2）变频器的外部如何接线。

（3）为防止反转如何设置变频器参数。

（4）如何防止写好的参数被修改。

（5）电动机改变速度有几种实现方法。

3.2.1.2　任务材料清单

任务材料清单见表 3-7。

表 3-7　需要器材清单

名　　称	型　　号	数量	备注
变频器	FR-D740	1 台	
计算机	自行配置	1 台	
传送机构		1 套	
按钮	LA4-3H	1 个	
可编程控制器	FX3U-48MT	1 台	
编程电缆	定制	1 根	
三相减速电机	40r/min，380V	1 台	
连接导线		若干	
电工工具和万用表	万用表 MF47	1 套	
接线端子		若干	
编码器	ZSP3004-001E-200B-5-24C	1 个	

3.2.2　知识链接一

3.2.2.1　运行模式选择

通过了 PU 面板实现了对电动机的控制，同时也通过了外接按钮实现了对电动机的控制，但是这两种控制方式是怎么实现的呢？选择变频的运行模式，可以任意变更通过外部指令信号执行的运行（外部运行）、通过操作面板以及 PU（FR-PU07/FR-PU04-CH）执行的运行（PU 运行）、PU 运行与外部运行组合的运行（外部/PU 组合运行）、网络运行（使用 RS-485 通信时）。

所谓运行模式，是指对输入到变频器的启动指令和频率指令的输入场所的指定。一般来说，使用控制电路端子、在外部设置电位器和开关来进行操作的是"外部运行模式"，使用操作面板以及参数单元（FR-PU04-CH/FR-PU07）输入启动指令、频率指令的是"PU 运行模式"，通过 PU 接口进行 RS-485 通信使用的是"网络运行模式（NET 运行模式）"。

运行模式的选择可以通过操作面板或者通信的命令代码来进行切换，如图 3-11 所示。

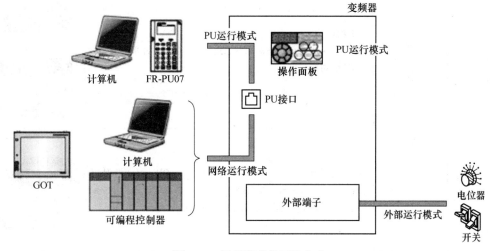

图 3-11　运行模式的切换方式

（1）运行模式的参数及功能（Pr. 79）见表 3-8 所示。

表 3-8　运行模式参数及功能

参数编号	名称	初始值	设定范围	内　　容	LED 显示　□：灭灯　□：亮灯
79	运行模式选择	0	0	外部/PU 切换模式，通过（PU/EXT）键可以切换 PU 与外部运行模式，接通电源时为外部运行模式	外部运行模式　EXT　PU 运行模式　PU
			1	固定为 PU 运行模式	PU
			2	固定为外部运行模式，可以在外部、网络运行模式间切换运行	外部运行模式　EXT　网络运行模式　NET
			3	外部/PU 组合运行模式 1 **频率指令**：用操作面板、PU（FR-PU04-CH/FR-PU07）设定或外部信号输入（多段速设定，端子 4-5 间（AU 信号 ON 时有效））　**启动指令**：外部信号输入（端子 STF、STR）	PU　EXT
			4	外部/PU 组合运行模式 2 **频率指令**：外部信号输入（端子 2、4、JOG、多段速选择等）　**启动指令**：通过操作面板的（RUN）键，PU（FR-PU04-CH/FR-PU07）的（FWD）、（REV）键来输入	
			6	切换模式 可以在保持运行状态的同时，进行 PU 运行、外部运行、网络运行的切换	PU运行模式　PU　外部运行模式　EXT　网络运行模式　NET
			7	外部运行模式（PU 运行互锁），X12 信号 ON，可切换到 PU 运行模式（外部运行中输出停止） X12 信号 OFF，禁止切换到 PU 运行模式	PU运行模式　PU　外部运行模式　EXT

（2）运行模式的切换方法如图 3-12 所示。

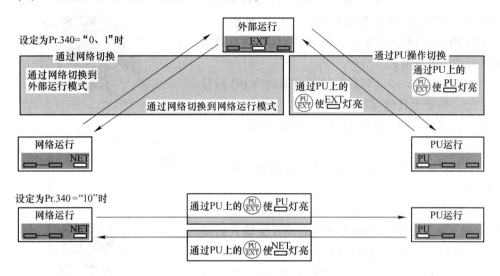

图 3-12 运行模式切换方法

（3）外部运行模式（设定值"0"（初始值）、"2"）如图 3-13 所示。

1）在外部设置电位器及启动开关等，并与变频器的控制电路端子连接，来发出启动指令或频率指令时，选择外部运行模式。

2）在外部运行模式下通常无法变更参数。（也有部分参数可以变更。）

3）选择 Pr. 79 = "0""2"后，接通电源时为外部运行模式。

4）不需要经常变更参数时，设定为"2"，固定为外部运行模式。

5）需要频繁变更参数时，设定为"0"（初始值），可以方便地通过操作面板的 ⊛ 键变更为 PU 运行模式。变更为 PU 运行模式后，请务必恢复到外部运行模式。

6）STF、STR 信号作为启动指令使用，发往端子 2、端子 4 的电压、电流信号以及多段速信号、JOG 信号等作为频率指令使用。

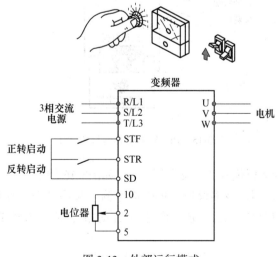

图 3-13 外部运行模式

（4）PU 运行模式（设定值 "1"）如图3-14 所示。

1）只通过操作面板、参数单元（FR-PU04-CH/FR-PU07）的按键操作来发出启动指令以及频率指令时，选择 PU 运行模式。另外，使用 PU 接口进行通信时也选择 PU 运行模式。

2）选择 Pr. 79 = "1" 后，接通电源时为 PU 运行模式。无法变更为其他运行模式。

3）通过操作面板的 M 旋钮，可以像使用电位器一样进行设定。

（5）PU/外部组合运行模式 1（设定值 "3"）如图3-15 所示。

1）通过操作面板、参数单元（FR-PU04-CH/FR-PU07）输入频率指令，使用外部的启动开关输入启动指令时，选择 PU/外部组合运行模式 1。

2）选择 Pr. 79 = "3"。无法变更为其他运行模式。

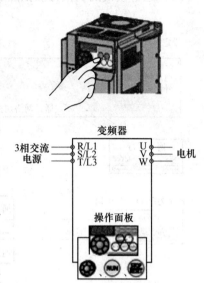

图 3-14　PU 运行模式

3）根据多段速设定，通过外部信号输入频率比 PU 的频率指令优先。另外，AU-ON 时变为发往端子 4 的指令信号。

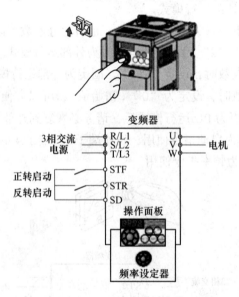

图 3-15　PU/外部组合运行模式 1

（6）PU/外部组合运行模式 2（设定值 "4"）如图3-16 所示。

1）通过外部的电位器以及多段速、JOG 信号输入频率指令，使用操作面板、参数单元（FR-PU04-CH/FR-PU07）的按键操作输入启动指令时，选择 PU/外部组合运行模式 2。

2）选择 Pr. 79 = "4"。无法变更为其他运行模式。

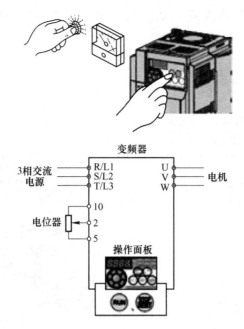

图 3-16　PU/外部组合运行模式 2

3.2.2.2　通过模拟量输入（端子 2、4）可设定变频器的频率输出

此时模拟量输入选择参数为 Pr.73、Pr.267，可以选择根据模拟量输入端子的规格、输入信号来切换正转、反转的功能。参数表见表 3-9。

表 3-9　参数 Pr.73、Pr.267 的选择

参数编号	名称	初始值	设定范围	内　　容	
Pr.73	模拟量输入选择	1	0	端子 2 输入 0~10V	无可逆运行
			1	端子 2 输入 0~5V	
			10	端子 2 输入 0~10V	有可逆运行
			11	端子 2 输入 0~5V	
Pr.267	端子 4 输入选择	0	0	电压/电流输入转换开关	
				I ▭ V	端子 4 输入 4~20mA
			1	I ▭ V	端子 4 输入 0~5V
			2		端子 4 输入 0~10V

（1）模拟量输入规格的选择：

1）模拟量电压输入所使用的端子 2 可选择 0~5V（初始值）或 0~10V。

2）模拟量输入所使用的端子 4 可选择电压输入（0~5V、0~10V）或电流输入

（4～20mA初始值）。变更输入规格时，请变更 Pr. 267 和电压/电流输入切换开关（图 3-17、图 3-18）。

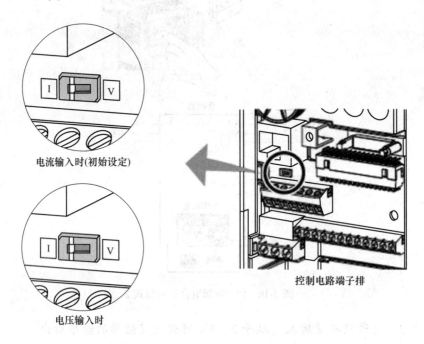

图 3-17　电压/电流输入切换开关设置情况

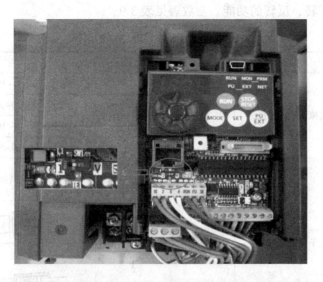

图 3-18　电压/电流输入切换开关实拍放大图

3）端子 4 的额定规格随电压/电流输入切换开关的设定而变更。电压输入时：输入电阻（10±1）kΩ、最大容许电压 DC20V。电流输入时：输入电阻（233±5）Ω、最大容许电流 30mA。

注意：请正确设定 Pr. 267 和电压/电流输入切换开关，并输入与设定相符的模拟信号。发生见表 3-10 的错误设定时，会导致故障。发生其他错误设定时，将无法正常工作。

表 3-10   导致故障的设定

可能导致故障的设定		动　作
开关设定	端子输入	
I（电流输入）	电压输入	是造成外部设备的模拟信号输出电路故障的原因（会增加外部设备模拟信号输出电路的负荷）
V（电压输入）	电流输入	是造成变频器的输入电路故障的原因（会增大外部设备模拟量信号输出电路的输出电力）

（2）以模拟量输入电压运行。如图 3-19 和图 3-20 所示：

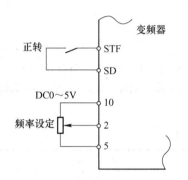

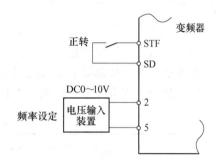

图 3-19　使用端子 2（DC0~5V）时的
接线示意图

图 3-20　使用端子 3（DC0~10V）时的
接线示意图

1）频率设定信号在端子 2~5 之间输入 DC 0~5V（或者 DC 0~10V）的电压。输入 5V（10V）时为最大输出频率。

2）5V 的电源既可以使用内部电源，也可以使用外部电源输入。10V 的电源需使用外部电源输入。内部电源在端子 10~5 之间输出 DC5V。

3）在端子 2 上输入 DC10V 时，需将 Pr.73 设定为"0"或"10"。

4）将端子 4 设为电压输入规格时，将 Pr.267 设为"1（DC0~5V）"或"2（DC0~10V）"，将电压/电流输入切换开关置于"V"。

注意：将端子 10、2、5 的接线长度控制在 30m 以下。

（3）以模拟量输入电流运行。如图 3-21 所示：

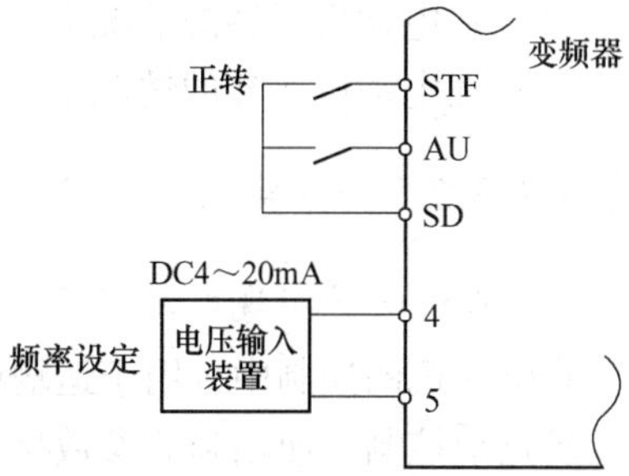

1）在用于风扇、泵等恒温、恒压控制时，将调节器的输出信号 DC4~20mA 输入到端子 4~5 之间，可实现自动运行。

图 3-21　使用端子 4（DC4~20mA）时的
接线示意图

2）要使用端子 4，需将 AU 信号设置为 ON（即电压/电流输入切换开关置于"I"）。

3.2.2.3　禁止写入参数设置（Pr.77）

此功能可选择禁止或许可参数写入，并可用于防止参数值被意外改写。Pr.77 的设定不受运行模式、运行状态的限制，随时都可以变更，参数设置见表3-11。

表3-11　禁止写入参数选择

参数编号	名称	初始值	设定范围	内　容
77	参数写入选择	0	0	仅限于停止中可以写入
			1	不可写入参数
			2	可以在所有运行模式中不受运行状态限制地写入参数

3.2.2.4　反转防止选择（Pr.78）

能够防止由于错误输入启动信号而导致的反转事故，在需要将电机的旋转方向限定在一个方向时进行设定，对于柜内安装操作面板、参数单元（FR-PU04-CH/FR-PU07）的反转、正转按键，通过外部端子输入的启动信号（STF信号、STR信号），通过通信输入的正转、反转指令全都有效，参数见表3-12。

表3-12　反转防止选择

参数编号	名称	初始值	设定范围	内　容
78	反转防止选择	0	0	正转和反转均可
			1	不可反转
			2	不可正转

3.2.3　知识链接二

3.2.3.1　工艺要求及任务实施

（1）在电动机运转的情况下，通过PU面板改变电动机速度。
（2）在电动机运转的情况下，通过外部端子改变电动机速度。

3.2.3.2　任务实施

A　通过端子实现电动机正反转点动控制

在电动机的控制中，用于运输机械的位置调整和试运行等都需要对电动机进行正转或者反转点动控制，使用到的参数见表3-13所示。

表3-13　点动参数

参数编号	名称	初始值	设定范围	内　容
15	点动频率	5Hz	0~400Hz	点动运行时的频率
16	点动加减速时间	0.5s	0~3600s	点动运行时的加减速时间 加减速时间是指加、减速到Pr.20加减速基准频率中设定的频率（初始值为50Hz）的时间 加减速时间不能分别设定

从外部进行点动运行，如图 3-22 所示。

（1）点动信号 ON 时通过启动信号（STF、STR）启动、停止。

（2）点动运行选择所使用的端子，通过将 Pr.178~Pr.182（输入端子功能选择）设定为"5"来分配功能。

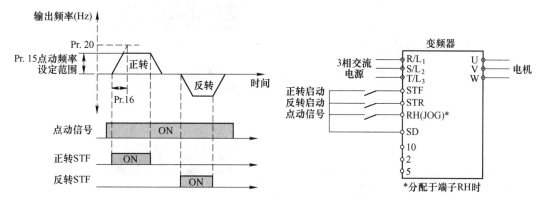

图 3-22　变频器运行分析及接线图

（3）操作步骤：

1）电源接通时显示，请确认处于外部运行模式（［EXT］亮灯）。若不是显示为［EXT］，请使用⑩键设为外部［EXT］运行模式（图 3-23）。上述操作仍不能切换运行模式时，请通过参数 Pr.79 设为外部运行模式。

2）将点动开关设置为 ON。

3）将启动开关（STF 或 STR）设置为 ON。

①启动开关（STF 或 STR）为 ON 的期间内电机旋转（图 3-24）。

图 3-23　电源接通显示　　　　　　　　图 3-24　电机旋转

②以 5Hz 旋转（Pr.15 的初始值）。

4）将启动开关（STF 或 STR）设置为 OFF（图 3-25）。

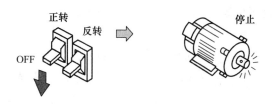

图 3-25　启动开关

B　从 PU 面板改变电动机速度

（1）按图 3-26 所示进行接线和图 3-27 所示监视画面。

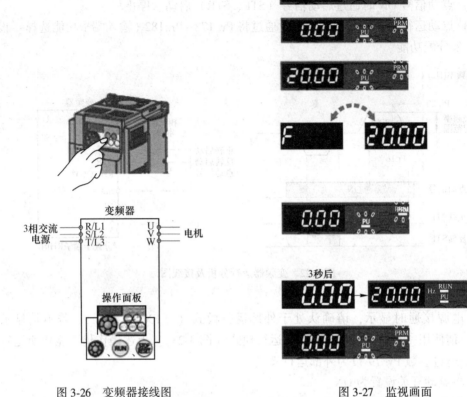

图 3-26　变频器接线图　　　　　　　　图 3-27　监视画面

（2）给变频器接通电源监视画面显示。

（3）按⬚键切换到 PU 运行模式。

（4）旋转 M 旋钮⬚选择频率。

（5）F 和设定频率交替闪烁。

（6）5s 内按⬚键确定设置屏幕。

进入监视器显示画面。

（7）闪烁 3s 后显示 0.00。

（8）按⬚键电动机开始启动运行。

（9）按⬚后电动机停止运行。

C　从外部端子改变电动机转速

用外接电位器设定频率，操作面板控制电动机启停。

这是用变频器的模拟量输入信号控制变频器输出信号的方式来实现电动机的调速。

（1）按照图 3-28 所示进行电路接线。

（2）在 PU 模式或外部模式/PU 组合模式下，设定参数。见表 3-14。

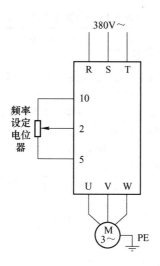

图 3-28 用外接电位器设定频率的接线图

表 3-14 参数设定

参数号	设定值	功　能
Pr. 79	4	组合操作模式 2
Pr. 1	50	上限频率
Pr. 2	2	下限频率
Pr. 3	50	基准频率
Pr. 20	50	加、减速基准频率
Pr. 7	5	加速时间
Pr. 8	3	减速时间
Pr. 9	1	电子过流保护（由电动机额定电流确定）
Pr. 73	11	模拟量输入选择（端子 2 输入 0~5V，且有可逆运行）

（3）系统调试。

1）设定参数 Pr. 79=4 时，可观察到"EXT"和"PU"灯同时亮。

2）按照参数表 3-14 设定以上参数。

3）按下操作面板上的【RUN】键，转动电位器，电动机加速，传送带运行传输，观察变频器频率变化情况和皮带运行情况。

4）按下操作面板上的【STOP/RESET】复合键，电动机停止运行，传送带停止运行。

3.2.3.3 安装、调试任务过程训练评价表

训练评价表见表 3-15。

表 3-15 训练评价表

序号	主要内容	考核要求	评分标准	配分	扣分	得分
1	安装	1. 按图纸的要求，正确使用工具和仪表，熟练安装电气元器件； 2. 元件在配电板上布置要合理，安装要准确、紧固； 3. 按钮盒不固定在板上	1. 元件布置不整齐、不匀称、不合理，每个扣 2 分； 2. 元件安装不牢固、安装元件时漏装螺钉，每个扣 2 分； 3. 损坏元件，每个扣 4 分	15		
2	接线	1. 布线要求横平竖直，接线紧固美观； 2. 电源和电动机配线、按钮接线要接到端子排上，要注明引出端子标号； 3. 导线不能乱线敷设	1. 电动机运行正常，但未按电路图接线，扣 2 分； 2. 布线不横平竖直，主、控制电路，每根扣 1 分； 3. 接点松动、接头露铜过长、反圈、压绝缘层，标记线号不清楚、遗漏或误标，每处扣 1 分； 4. 损伤导线绝缘或线芯，每根扣 1 分； 5. 导线乱线敷设扣 15 分	20		
3	参数设置	正确设置参数	1. 设置参数前没有对变频器进行参数清除操作扣 5 分； 2. 未按要求设置运行频率扣 10 分； 3. 没有设置上下限频率扣 5 分； 4. 未设置 Pr.9 参数扣 5 分； 5. 不会设置其他参数，错一个扣 5 分	30		
4	PLC 程序	程序正确性	出错扣 5 分	10		
5	系统调试	在保证人身和设备安全的前提下，通电试验一次成功	一次试车不成功扣 5 分；二次试车不成功扣 10 分；三次试车不成功扣 20 分	25		
6	安全文明	在操作过程中注意保护人身安全及设备安全（该项不配分）	1. 操作者要穿着和携带必需的劳保用品，否则扣 5 分； 2. 作业过程中要遵守安全操作规程，有违反者扣 5~10 分； 3. 要做好文明生产工作，结束后做好清理板面、台面、地面，否则每项扣 5 分； 4. 损坏仪器仪表扣 10 分； 5. 损坏设备扣 10~99 分； 6. 出现人身事故扣 99 分			
			合计	100		

学生签字：

年　月　日

教师签字

年　月　日

3.2.4 知识检测

3.2.4.1 选择题

（1）三菱变频器频率控制方式由功能码（　　　）设定。
A. Pr. 3　　　　　　B. Pr. 12　　　　　　C. Pr. 15　　　　　　D. Pr. 79

（2）频率给定中，模拟量给定方式包括（　　　）和直接电压（或电流）给定。
A. 模拟量　　　B. 通信接口给定　　C. 电位器给定　　　D. 面板给定

（3）选变频的运行模式，可以任意变更通过外部运行、PU 运行、（　　　）、网络运行。
A. 按钮运行　　　B. 自动运行　　　C. 点动运行　　　D. 外部/PU 组合运行

（4）通过（　　　）进行 RS-485 通信使用的是"网络运行模式（NET 运行模式）"。
A. 网线　　　　　B. 电位器　　　　C. 外部端子　　　D. PU 接口

（5）运行模式的选择可以通过操作面板或者（　　　）的命令代码来进行切换。
A. 按钮　　　　　B. 外部端子　　　C. 通信　　　　　D. 常开触头

（6）选择 Pr. 79 ="0""2"后，接通电源时为（　　　）模式。
A. PU 运行　　　B. 外部运行　　　C. 网络运行　　　D. 面板运行

（7）需要频繁变更参数时，（　　　）设定为"0"。
A. Pr. 4　　　　　B. Pr. 5　　　　　　C. Pr. 79　　　　　D. Pr. 6

（8）STF、STR 信号作为（　　　）指令使用。
A. 急停　　　　　B. 停止　　　　　C. 启动　　　　　D. 暂停

3.2.4.2 判断题

（1）通过外部电位器设置频率是变频器频率给定的最常见的形式。（　　　）

（2）一般来说，使用控制电路端子、在外部设置电位器和开关来进行操作的是"PU 运行模式"。（　　　）

（3）在外部运行模式下通常可以变更参数。（　　　）

（4）不需要经常变更参数时，设定为"2"，固定为外部运行模式。（　　　）

（5）选择 Pr. 79 ="1"后，接通电源时为 PU 运行模式。可以变更为其他运行模式。（　　　）

3.2.4.3 简答题

（1）什么是运行模式？
（2）模拟量输入规格如何选择？
（3）禁止写入参数设置 Pr. 77 什么时候可以变更？

任务 3.3 传送机构多段速度控制系统

项目教学目标

知识目标：

（1）掌握变频器的多段速度参数设置。

（2）掌握变频器的转速与输入的对应关系。

（3）掌握变频器及外围设备的接线。

技能目标：

（1）能用变频器和 PLC 组成系统，实现多段速的控制。

（2）能运用变频器外部端子和参数设置实现物料多段速传送，掌握实现多段速调速的方法。

（3）能根据控制要求，设定有关参数、编写控制程序和接线调试。

素质目标：

（1）具有团队协作精神。

（2）具有良好的职业道德和岗位责任感。

（3）具有良好的学习能力和动手能力。

知识目标

3.3.1 任务描述

在企业生产过程中经常会使用输送装置进行物料的输送，在直线输送时是一种速度，在转弯时是一种速度等多种速度的变化，这种速度的变化通过串接定子绕组电阻进行改变需要增加外部设备，而且故障率比较高。在企业中通常是使用变频器的多段速度设定来改变电动机的转速达到改变输送带运行的目的。

3.3.1.1 任务分析

对变频器的多段调速的方法：一方面，变频器每个输出频率的档次需要由三个输入端的状态来决定；另一方面，操作者切换转速所用的开关器件（通常是按钮开关或触摸开关），每次只有一个触点。因此，必须解决好转速选择开关的状态和变频器各控制端状态之间的变换问题。常用方法是通过 PLC 来控制变频器的 RH、RM、RL 端子的组合来切换。下面将通过具体的应用来学习用 PLC 的开关量直接对变频器实现多段调速的方法。

3.3.1.2 任务材料清单

任务材料清单见表 3-16。

表 3-16 需要器材清单

名 称	型 号	数量	备注
变频器	FR-D740	1台	
计算机	自行配置	1台	
传送机构		1套	
按钮	LA4-3H	1个	
可编程控制器	FX3U-48MT	1台	
编程电缆	定制	1根	
三相减速电机	40r/min，380V	1台	

名　称	型　号	数量	备注
连接导线		若干	
电工工具和万用表	万用表 MF47	1 套	
接线端子		若干	
编码器	ZSP3004-001E-200B-5-24C	1 个	

3.3.2　知识链接一

变频器实现多段速控制时，其转速挡的切换是通过外接开关器件改变其输入端的状态组合来实现的。以三菱 FR-E740 系列变频器为例，要设置的具体参数有 Pr. 4～Pr. 6、Pr. 24～Pr. 27、Pr. 232～Pr. 239。用设置功能参数的方法将多种速度先行设定，运行时由输入端子控制转换，其中，Pr. 4、Pr. 5、Pr. 6 对应高、中、低三个速度的频率，具体参数设置见表 3-17。

表 3-17　多段速度控制参数设置

参数编号	名　称	初始值	设定范围	内容
4	多段速设定（高速）	50Hz	0～400Hz	RH-ON 时的频率
5	多段速设定（中速）	30Hz	0～400Hz	RM-ON 时的频率
6	多段速设定（低速）	10Hz	0～400Hz	RL-ON 时的频率
24*	多段速设定（4 速）	9999	0～400Hz、9999	
25*	多段速设定（5 速）	9999	0～400Hz、9999	
26*	多段速设定（6 速）	9999	0～400Hz、9999	
27*	多段速设定（7 速）	9999	0～400Hz、9999	
232*	多段速设定（8 速）	9999	0～400Hz、9999	通过 RH、RM、RL、REX 信号的组合可以进行 4～15 段速度的频率设定。9999：未选择
233*	多段速设定（9 速）	9999	0～400Hz、9999	
234*	多段速设定（10 速）	9999	0～400Hz、9999	
235*	多段速设定（11 速）	9999	0～400Hz、9999	
236*	多段速设定（12 速）	9999	0～400Hz、9999	
237*	多段速设定（13 速）	9999	0～400Hz、9999	
238*	多段速设定（14 速）	9999	0～400Hz、9999	
239*	多段速设定（15 速）	9999	0～400Hz、9999	

3.3.2.1　1 速～7 速的设定（Pr. 4～Pr. 6、Pr. 24～Pr. 27）

如图 3-29 所示为实现 7 速的变频器控制端子时序图，1 速～7 速的实现由 RH、RM、RL 三个输入端子的信号组合来实现，转速与输入端状态关系表见表 3-18。

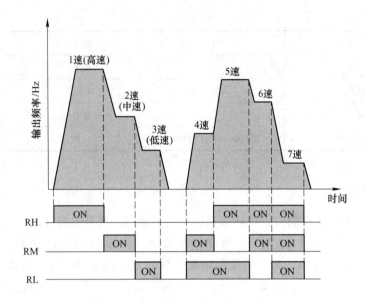

图 3-29　实现 7 速的变频器控制端子时序图

表 3-18　转速与输入端状态关系

转速挡次	各输入端的状态		
	RH	RM	RL
1	1	0	0
2	0	1	0
3	0	0	1
4	0	1	1
5	1	0	1
6	1	1	0
7	1	1	1

注意：

（1）初始设定情况下，同时选择 2 段速度以上时按照低速信号侧的设定频率。例如：RH、RM 信号均为 ON 时，RM 信号（Pr. 5）优先。

（2）在初始设定下，RH、RM、RL 信号被分配在 RH、RM、RL 端子上。通过 Pr. 178~Pr. 184（输入端子功能选择）中设定"0（RL）""1（RM）""2（RH）"，还可以将信号分配给其他端子。

3. 3. 2. 2　8 速~15 速的设定（Pr. 232~Pr. 239）

如图 3-30 所示为实现 8 速~15 速的变频器控制端子时序图，通过 RH、RM、RL、REX 的组合，可以设定 8 速~15 速。需在 Pr. 232~Pr. 239 中设定运行频率。REX 信号输入使用的端子需通过将 Pr. 178~Pr. 184（输入端子功能选择）设定为"8"来分配功能。多段速运行的接线示意图如图 3-31 所示。

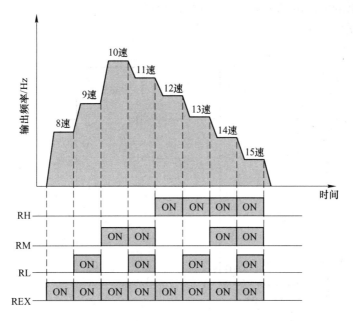

图 3-30　实现 8 速~15 速的变频器控制端子时序图

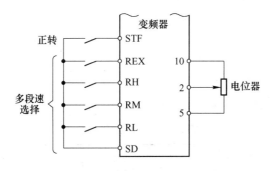

图 3-31　多段速运行的接线示意图

注意：

（1）多段速设定在外部运行模式或 PU/外部运行模式（ Pr. 79 = 1 或者 Pr. 79 = 3、4)时有效。

（2）多段速参数设定在 PU 运行过程中或外部运行过程中也可以进行设定。

（3）Pr. 24~Pr. 27、Pr. 232~Pr. 239 的设定值不存在先后顺序。

3.3.3　知识链接二

3.3.3.1　工艺要求及任务实施

（1）由 PLC 控制变频器改变速度。

（2）分别用 SB1~SB7 这 7 个按钮实现 7 段速度的选择，启动由 SB8 实现，停止由 SB9 实现。

（3）变频器的速度由 PLC 输出端 Y1、Y2、Y3 三个输出控制。

（4）变频器的启动由 PLC 输出端 Y0 输出控制。

（5）接线图如图 3-32 所示。

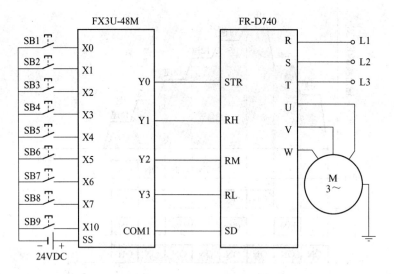

图 3-32　变频器接线图

3.3.3.2　任务实施

（1）按图 3-32 进行变频器接线。

（2）在 PU 模式下，设定参数。

1）设定基本运行参数，见表 3-19。

表 3-19　基本运行参数

参数名称	参数号	设定值
提升转矩	Pr. 0	5%
上限频率	Pr. 1	50Hz
下限频率	Pr. 2	3Hz
基准频率	Pr. 3	50Hz
加速时间	Pr. 7	4s
减速时间	Pr. 8	3s
电子过流保护	Pr. 9	3A（由电动机额定电流确定）
加减速基准频率	Pr. 20	50Hz
操作模式	Pr. 79	3

2）按照表 3-20 设定 7 段速度运行参数。

表 3-20　7 段速度运行参数

对应 PLC 输入按钮	SB1	SB2	SB3	SB4	SB5	SB6	SB7
控制端子	RH	RM	RL	RM RL	RH RL	RH RM	RH RM RL
参数号	Pr. 4	Pr. 5	Pr. 6	Pr. 24	Pr. 25	Pr. 26	Pr. 27
设定值/Hz	20	25	30	35	40	45	50

（3）编写控制程序（图 3-33）。

```
      X007   X010
0     ┤├──┬──┤/├──────────────────────────────────────(Y000)
      Y000 │
      ┤├───┘

      X000   X001  X002  X003  X004  X005  X006  X010
4     ┤├──┬─┤/├──┤/├──┤/├──┤/├──┤/├──┤/├──┤/├───────(M1)
      M1  │
      ┤├──┘

      X001   X000  X002  X003  X004  X005  X006  X010
14    ┤├──┬─┤/├──┤/├──┤/├──┤/├──┤/├──┤/├──┤/├───────(M2)
      M2  │
      ┤├──┘

      X002   X000  X001  X003  X004  X005  X006  X010
24    ┤├──┬─┤/├──┤/├──┤/├──┤/├──┤/├──┤/├──┤/├───────(M3)
      M3  │
      ┤├──┘

      X003   X000  X002  X001  X004  X005  X006  X010
34    ┤├──┬─┤/├──┤/├──┤/├──┤/├──┤/├──┤/├──┤/├───────(M4)
      M4  │
      ┤├──┘

      X004   X000  X002  X003  X001  X005  X006  X010
44    ┤├──┬─┤/├──┤/├──┤/├──┤/├──┤/├──┤/├──┤/├───────(M5)
      M5  │
      ┤├──┘

      X005   X000  X002  X003  X004  X001  X006  X010
54    ┤├──┬─┤/├──┤/├──┤/├──┤/├──┤/├──┤/├──┤/├───────(M6)
      M6  │
      ┤├──┘

      X006   X000  X002  X003  X004  X005  X001  X010
64    ┤├──┬─┤/├──┤/├──┤/├──┤/├──┤/├──┤/├──┤/├───────(M7)
      M7  │
      ┤├──┘
```

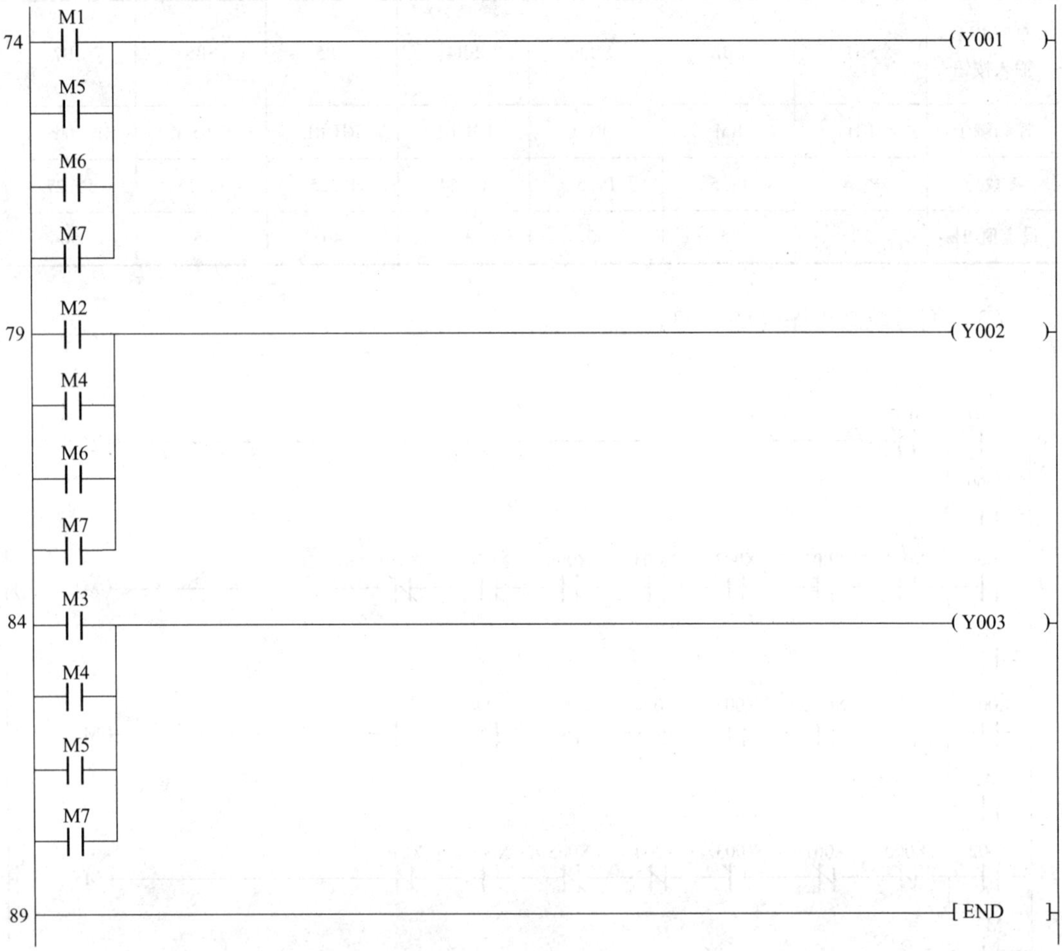

图 3-33　PLC 程序

（4）调试运行程序。

1）按图 3-33 编写及下载程序，按下启动按钮 SB8，PLC 内部程序 X7 触电闭合，使 Y0 输出，变频器运行端子接通等待速度选择端子闭合。

2）SB1~SB7 这 7 个按钮实现 7 段速度的选择，因为线圈不能重复出现，所以用辅助继电器 M 进行辅助设计，通过辅助继电器 M 的触点来实现多个输出的控制。

3）为了避免在运行中有人不小心按下了其他按钮，这里采用了触点联锁的方式避免出现电机转速不受控制。

4）按下 SB9 时，PLC 所有的线圈都将失电，使得变频器的输入断开，电动机停止。

3.3.3.3　安装、调试任务过程训练评价表

训练评价表见表 3-21。

表 3-21　训练评价表

序号	主要内容	考核要求	评分标准	配分	扣分	得分
1	安装	1. 按图纸的要求，正确使用工具和仪表，熟练安装电气元器件； 2. 元件在配电板上布置要合理，安装要准确、紧固； 3. 按钮盒不固定在板上	1. 元件布置不整齐、不匀称、不合理，每个扣 2 分； 2. 元件安装不牢固、安装元件时漏装螺钉，每个扣 2 分； 3. 损坏元件，每个扣 4 分	15		
2	接线	1. 布线要求横平竖直，接线紧固美观； 2. 电源和电动机配线、按钮接线要接到端子排上，要注明引出端子标号； 3. 导线不能乱线敷设	1. 电动机运行正常，但未按电路图接线，扣 2 分； 2. 布线不横平竖直，主、控制电路，每根扣 1 分； 3. 接点松动、接头露铜过长、反圈、压绝缘层，标记线号不清楚、遗漏或误标，每处扣 1 分； 4. 损伤导线绝缘或线芯，每根扣 1 分； 5. 导线乱线敷设扣 15 分	20		
3	参数设置	正确设置参数	1. 设置参数前没有对变频器进行参数清除操作扣 5 分； 2. 未按要求设置运行频率扣 10 分； 3. 没有设置上、下限频率扣 5 分； 4. 未设置 Pr. 9 参数扣 5 分； 5. 不会设置其他参数，错一个扣 5 分	30		
4	PLC 程序	程序正确性	出错扣 5 分	10		
5	系统调试	在保证人身和设备安全的前提下，通电试验一次成功	一次试车不成功扣 5 分；二次试车不成功扣 10 分；三次试车不成功扣 20 分	25		
6	安全文明	在操作过程中注意保护人身安全及设备安全（该项不配分）	1. 操作者要穿着和携带必需的劳保用品，否则扣 5 分； 2. 作业过程中要遵守安全操作规程，有违反者扣 5~10 分； 3. 要做好文明生产工作，结束后做好清理板面、台面、地面，否则每项扣 5 分； 4. 损坏仪器仪表扣 10 分； 5. 损坏设备扣 10~99 分； 6. 出现人身事故扣 99 分			
学生签字：			合计	100		

教师签字

　　　　　年　　　月　　　日

　　　　年　　　月　　　日

3.3.4 知识检测

3.3.4.1 选择题

(1) 变频器都有多段速度控制功能，三菱 FR-E740 变频器最多可以设置 (　　) 段不同运行频率。

A. 3　　　　　　　　B. 5　　　　　　　　C. 7　　　　　　　　D. 15

(2) Pr. 4、Pr. 5、(　　) 对应高、中、低三个速度的频率。

A. Pr. 24　　　　　B. Pr. 6　　　　　C. Pr. 25　　　　　D. Pr. 26

(3) 变频器用设置功能参数的方法将多种速度先行设定，运行时由 (　　) 控制转换。

A. 控制端子　　　　B. 输出端子　　　　C. 输入端子　　　　D. 接线端子

(4) 1 速~7 速的实现由 (　　) 三个输入端子的信号组合来实现。

A. RQ、RM、RL　　B. RH、RM、RC　　C. HB、RM、RL　　D. RH、RM、RL

(5) 初始设定情况下，同时选择 2 段速度以上时则按照 (　　) 侧的设定频率。

A. 低频信号　　　　B. 高频信号　　　　C. 高速信号　　　　D. 低速信号

(6) 通过 RH、RM、RL、(　　) 的组合，可以设定 8 速~15 速。

A. REX　　　　　　B. RQ　　　　　　C. RB　　　　　　D. RC

(7) 多段速设定在外部运行模式或 (　　) 时有效。

A. PU 模式　　　　B. PU/外部运行模式　　C. 网络模式　　　　D. 手动模式

(8) 多段速参数设定在 PU 运行过程中或 (　　) 中也可以进行设定。

A. 手动模式　　　　B. PU/外部运行模式　　C. 外部运行过程　　D. 网络模式

3.3.4.2 判断题

(1) 初始设定情况下，同时选择 2 段速度以上时则按照低速信号侧的设定频率。
(　　)

(2) RH、RM、RL 信号一定被分配在 RH、RM、RL 端子上不可以改变。 (　　)

(3) REX 信号输入所使用的端子，需通过将 Pr. 178~Pr. 184 (输入端子功能选择) 设定为 "6" 来分配功能。 (　　)

(4) Pr. 24~Pr. 27、Pr. 232~Pr. 239 的设定值不存在先后顺序。 (　　)

(5) 多段速参数设定在 PU 运行过程中或外部运行过程中也可以进行设定。 (　　)

3.3.4.3 简答题

(1) 1 速~7 速的设定参数有哪些？

(2) 变频器的多段速度控制有什么优点？

(3) 8 速~15 速的实现由哪些端子来控制？

任务 3.4　窑炉恒温控制系统

项目教学目标

知识目标：

（1）掌握三相异步电动机连续运行的方法。

（2）掌握三相异步电动机较复杂故障分析。

技能目标：

（1）能安装较复杂电动机控制电路。

（2）能排除较复杂电动机控制电路故障。

素质目标：

动手能力，学习能力，分析故障和解决问题。

知识目标

3.4.1　任务描述

企业在生产中，往往需要有稳定的压力、温度、流量、液位或转速，以此作为保证产品质量、提高生产效率、满足工艺要求的前提，这就要用到变频器的 PID 控制功能。所谓 PID 控制，就是在一个闭环控制系统中，使被控物理量能够迅速而准确地无限接近于控制目标的一种手段。PID 控制功能是变频器应用技术的重要领域之一，也是变频器发挥其卓越效能的重要技术手段。变频调速产品的设计、运行、维护人员应该充分熟悉并掌握 PID 控制的基本理论。

3.4.1.1　任务分析

在陶瓷产品生产的流程中，窑炉烧制是一个非常重要的环节。陶瓷窑烧制工业生产过程当中，需要调控的量有很多，最重要的就是高炉煤气流量的控制、燃烧空气流量的控制、冷却流量的控制及上料皮带秤的启停控制，PID 调节是经典控制理论中最典型的闭环控制方法。

3.4.1.2　任务材料清单

任务材料清单见表 3-22。

表 3-22　需要器材清单

名称	型号	数量	备注
计算机	自行配置	1 台	
按钮	LA4-3H	1 个	
变频器	FR-D740	1 台	
编程电缆	定制	1 根	
三相异步电机		1 台	

续表 3-22

名称	型号	数量	备注
连接导线		若干	
电工工具和万用表	万用表 MF47	1 套	
接线端子		若干	
编码器	ZSP3004-001E-200B-5-24C	1 个	

3.4.2　知识链接一

3.4.2.1　PID 系统分类

A　开环控制

开环控制系统（open-loop control system）是指被控对象的输出（被控制量）对控制器（controller）的输入没有影响。在这种控制系统中，不依赖将被控量返送回来以形成任何闭环回路。

B　闭环控制

闭环控制系统（closed-loop control system）是指被控对象的输出（被控制量）会反送回来影响控制器的输入，形成一个或多个闭环。闭环控制系统有正反馈和负反馈，若反馈信号与系统给定值信号相反，称为负反馈（negative feedback）；若极性相同，则称为正反馈，一般闭环控制系统均采用负反馈，又称负反馈控制系统。闭环控制系统的例子很多。比如人就是一个具有负反馈的闭环控制系统，眼睛便是传感器，充当反馈，人体系统能通过不断的修正最后作出各种正确的动作。如果没有眼睛，就没有了反馈回路，也就成了一个开环控制系统。当一台真正的全自动洗衣机具有能连续检查衣物是否洗净，并在洗净之后能自动切断电源，它就是一个闭环控制系统。

C　阶跃响应

阶跃响应是指将一个阶跃输入（step function）加到系统上时，系统的输出。稳态误差是指系统的响应进入稳态后，系统的期望输出与实际输出之差。控制系统的性能可以用稳、准、快三个字来描述。稳是指系统的稳定性（stability），一个系统要能正常工作，首先必须是稳定的，从阶跃响应上看应该是收敛的；准是指控制系统的准确性、控制精度，通常用稳态误差（steady-state error）来描述，它表示系统输出稳态值与期望值之差；快是指控制系统响应的快速性，通常用上升时间来定量描述。

3.4.2.2　PID 基本原理

PID 控制器就是根据系统的误差，利用比例、积分、微分计算出控制量进行控制的。

A　比例（P）控制

比例控制是一种最简单的控制方式。其控制器的输出与输入误差信号成比例关系。当仅有比例控制时系统输出存在稳态误差。

B 积分（I）控制

在积分控制中，控制器的输出与输入误差信号的积分成正比关系。对一个自动控制系统，如果在进入稳态后存在稳态误差，则称这个控制系统是有稳态误差的，或简称有差系统。为了消除稳态误差，在控制器中必须引入"积分项"。积分项对误差取决于时间的积分，随着时间的增加，积分项会增大，这样，即便误差很小，积分项也会随着时间的增加而加大，它推动控制器的输出增大，使稳态误差进一步减小，直到等于零。因此，比例+积分（PI）控制器，可以使系统在进入稳态后无稳态误差。

C 微分（D）控制

在微分控制中，控制器的输出与输入误差信号的微分（即误差的变化率）成正比关系。自动控制系统在克服误差的调节过程中可能会出现振荡甚至失稳。其原因是由于存在着较大惯性组件（环节）或有滞后（delay）组件，具有抑制误差的作用，其变化总是落后于误差的变化。解决的办法是使抑制误差的作用的变化"超前"，即在误差接近零时，抑制误差的作用就应该是零。这就是说，在控制器中仅引入"比例"项往往是不够的，比例项的作用仅是放大误差的幅值，而需要增加的是"微分项"，它能预测误差变化的趋势，这样，具有比例+微分的控制器，就能够提前使抑制误差的控制作用等于零，甚至为负值，从而避免了被控量的严重超调。所以对有较大惯性或滞后的被控对象，比例+微分（PD）控制器能改善系统在调节过程中的动态特性。

3.4.2.3 PID 控制（Pr. 127 ~ Pr. 134、Pr. 575 ~ Pr. 577）

PID 控制以端子 2 输入信号或参数设定值为目标，以端子 4 输入信号作为反馈量，组成反馈系统以进行 PID 控制。参数见表 3-23，其中的参数在 Pr. 160 扩展功能显示选择 = "0" 时可以设定。

表 3-23 PID 参数设置表

参数编号	名称	初始值	设定范围	内 容		
127	PID 控制 自动切换频率	9999	0~400Hz	自动切换到 PID 控制的频率		
			9999	无 PID 控制自动切换功能		
128	PID 动作选择	0	0	PID 不动作		
			20	PID 负作用	测定值（端子 4）	
			21	PID 正作用	目标值（端子 2 或 Pr. 133）	
			40	PID 负作用	计算方法：固定	浮动辊控制用目标值（Pr. 133）、测定值（端子 4）、主速度（运行模式的频率指令）
			41	PID 正作用		
			42	PID 负作用	计算方法：比例	
			43	PID 正作用		
129×1	PID 比例带	100%	0.1% ~ 1000%	比例带狭窄（参数的设定值小）时，测定值的微小变化可以带来大的操作量变化。随比例带的变小，响应灵敏度（增益）会变得更好，但可能会引起振动等，降低稳定性。增益 $K_p = 1/$比例带		
			9999	无比例控制		

续表 3-23

参数编号	名称	初始值	设定范围	内　容
130×1	PID 积分时间	1s	0.1~3600s	在偏差步进输入时，仅在积分（I）动作中得到与比例（P）动作相同的操作量所需要的时间（T_i）。随着积分时间变小，到达目标值的速度会加快，但是容易发生振动现象
			9999	无积分控制
131	PID 上限	9999	0~100%	上限值 反馈量超过设定值的情况下输出 FUP 信号 测定值（端子 4）的最大输入（20mA/5V/10V）相当于 100%
			9999	无功能
132	PID 下限	9999	0~100%	下限值 测定值低于设定值范围的情况下输出 FDN 信号 测定值（端子 4）的最大输入（20mA/5V/10V）相当于 100%
			9999	无功能
133×1	PID 动作目标值	9999	0~100%	PID 控制时的目标值
			9999	端子 2 输入为目标值
134×1	PID 微分时间	9999	0.01~10.00s	在偏差指示灯输入时，仅得到比例动作（P）的操作量所需要的时间（T_d） 随微分时间的增大，对偏差变化的反应也越大
			9999	无微分控制
575	输出中断检测时间	1s	0~3600s	PID 运算后的输出频率未满 Pr.576 设定值的状态持续到 Pr.575 设定时间以上时，中断变频器的运行
			9999	无输出中断功能
576	输出中断检测水平	0Hz	0~400Hz	设定实施输出中断处理的频率
577	输出中断解除水平	1000%	900%~1100%	设定解除 PID 输出中断功能的水平（Pr.577-1000%）

A　PID 控制基本构成

Pr.128 = "20、21"（测定值输入），如图 3-34 所示。

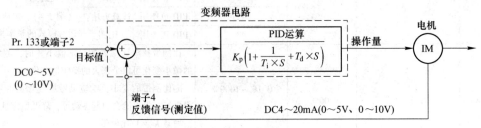

图 3-34　PID 控制基本构成

K_p—比例常数；T_i—积分时间；S—运算；T_d—微分时间

B　PID 动作概要

（1）PI 动作。由于 PI 动作由比例动作（P）和积分动作（I）组合而成，因此可以得到符合偏差大小及时间变化的操作量，如图 3-35 所示。

（2）PD 动作。由于 PD 动作是由比例动作（P）和微分动作（D）组合而成，因此会以与偏差的速度相符的操作量进行动作，以改善过渡特性，如图 3-36 所示。

（3）PID 动作。由于 PID 动作是由 PI 动作和 PD 动作组合而成，因而可以实现集各项动作之长的控制，如图 3-37 所示。

（4）负作用。当偏差 $X=$（目标值－测量值）为正时，增加操作量（输出频率）；如果偏差为负，则减小操作量，如图 3-38 所示。

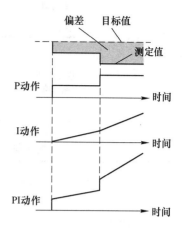

图 3-35　测量值阶跃变化图

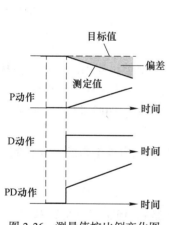

图 3-36　测量值按比例变化图

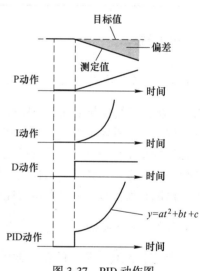

图 3-37　PID 动作图

（5）正作用。当偏差 $X=$（目标值－测量值）为负时，增加操作量（输出频率）；如果偏差为正，则减小操作量，如图 3-39 所示。

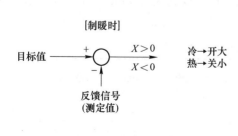

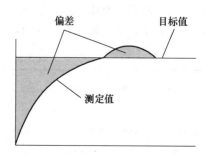

图 3-38　负作用偏差调整

偏差与操作量（输出频率）之间的关系见表 3-24。

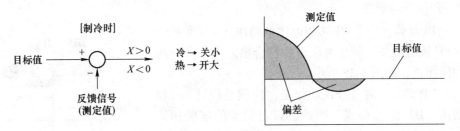

图 3-39 正作用偏差调整

表 3-24 偏差与操作量（输出频率）之间的关系

操作	偏 差	
	正	负
负作用	↗	↘
正作用	↘	↗

3.4.3 知识链接二

3.4.3.1 工艺要求及任务实施

PID 控制，是使控制系统的被控量在各种情况下，都能够迅速而准确地无限接近控制目标的一种手段。具体地说，是随时将传感器测量的实际信号（称为反馈信号）与被控量的目标信号相比较，以判断是否已经达到预定的控制目标。如尚未达到，则根据两者的差值进行调整，直到达到预定的控制目标为止。

无需借助其他器件，变频器本身能实现流量、风量和压力等参数的 PID 控制。

3.4.3.2 任务实施

（1）标定检测转换装置的输入输出关系（见表 3-25）。PID 调节是针对偏差进行的，偏差是给定值与反馈值（测量值）的差，而不是给定值与控制目标值的差。如果检测转换装置的输入输出是严格的线性关系，只要经过简单的换算就可以根据需要设定给定值，但很多情况下，两者之间是非线性的或者是近似线性，就必须先测定它们的关系。

任务中，控制目标是电动机的转速，电动机额度转速为 1400r/min，检测转换装置是光码盘及信号转换电路，输出信号为 0~10V。

表 3-25 电动机额度转速

转速 /r·min^{-1}	100	150	200	250	300	350	400	450	500	550
输出/V										
转速 /r·min^{-1}	600	700	800	900	1000	1100	1200	1300	1400	1500
输出/V										

（2）PID控制接线图如图3-40所示。

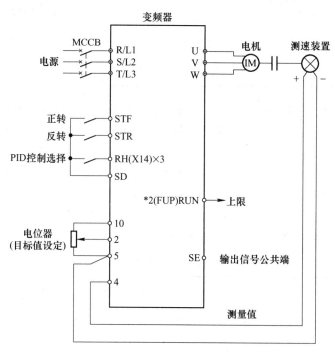

图3-40 PID控制接线图

（3）参数设置（表3-26）。

表3-26 参数设置

参数	预设值	说　明
182	14	选择变频器的RH端子为PID控制端子
128	20	PID负作用控制
267	2	端子4输入0~10V
129	50	PID比例带（50%）
130	1	PID积分时间（1s）
134	9999	PID微分时间，9999表示无微分作用
131	9999	不设定PID上限
132	9999	不设定PID下限
C6	0	端子4输入无偏置
133	待设	PID动作目标设定

（4）操作。

1）根据检测转换装置的输入输出关系，设定Pr.133参数。例如，转速为500r/min时，测速装置输出3.1V，则设定Pr.133 = 31%。分别对应转速400r/min、800r/min和1200r/min设定Pr.133参数见表3-27，合上RH开关和STF开关，变频器PID控制转速运行，记录电动机的稳定转速。

表 3-27　转换装置

Pr. 133	期望的转速/r · min⁻¹	实际转速/r · min⁻¹	去除积分作用后实际转速/r · min⁻¹
	400		
	800		
	1200		

2）将 Pr. 130 设置为 9999，即去除积分作用，测量转速，记录于表 3-27。

3）设置 Pr. 133 = 9999，端子 2 输入电压为目标值。端子 2 输入电压为 0~5V，对应于反馈值 0~10V，如果忽略变频器的误差，当端子 2 给定值为 2V 时，控制目标是反馈值为 4V 时的转速。分别对应转速 400r/min、800r/min 和 1200r/min 设定端子 2 给定，合上 RH 开关和 STF 开关，变频器 PID 控制转速运行，记录电动机的稳定转速。

4）将 Pr. 130 设置为 9999，即去除积分作用，测量转速，记录于表 3-28。

5）修改 PID 参数，观察电动机转速的动态变化。

表 3-28　记录

端子 2 给定值/V	期望的转速/r · min⁻¹	实际转速/r · min⁻¹	去除积分作用后实际转速/r · min⁻¹
	400		
	800		
	1200		

3.4.3.3　安装、调试任务过程训练评价表

训练评价表见表 3-29。

表 3-29　训练评价表

序号	主要内容	考核要求	评分标准	配分	扣分	得分
1	安装	1. 按图纸的要求，正确使用工具和仪表，熟练安装电气元器件； 2. 元件在配电板上布置要合理，安装要准确、紧固； 3. 按钮盒不固定在板上	1. 元件布置不整齐、不匀称、不合理，每个扣 2 分； 2. 元件安装不牢固、安装元件时漏装螺钉，每个扣 2 分； 3. 损坏元件，每个扣 4 分	15		
2	接线	1. 布线要求横平竖直，接线紧固美观； 2. 电源和电动机配线、按钮接线要接到端子排上，要注明引出端子标号； 3. 导线不能乱线敷设	1. 电动机运行正常，但未按电路图接线，扣 2 分； 2. 布线不横平竖直，主、控制电路，每根扣 1 分； 3. 接点松动、接头露铜过长、反圈、压绝缘层，标记线号不清楚、遗漏或误标，每处扣 1 分； 4. 损伤导线绝缘或线芯，每根扣 1 分； 5. 导线乱线敷设扣 15 分	20		

续表 3-29

序号	主要内容	考核要求	评 分 标 准	配分	扣分	得分
3	参数设置	正确设置参数	1. 设置参数前没有对变频器进行参数清除操作扣 5 分； 2. 未按要求设置运行频率扣 10 分； 3. 没有设置上、下限频率扣 5 分； 4. 未设置 Pr.9 参数扣 5 分； 5. 不会设置其他参数，错一个扣 5 分	30		
4	PLC 程序	程序正确性	出错扣 5 分	10		
5	系统调试	在保证人身和设备安全的前提下，通电试验一次成功	一次试车不成功扣 5 分；二次试车不成功扣 10 分；三次试车不成功扣 20 分	25		
6	安全文明	在操作过程中注意保护人身安全及设备安全（该项不配分）	1. 操作者要穿着和携带必需的劳保用品，否则扣 5 分； 2. 作业过程中要遵守安全操作规程，有违反者扣 5~10 分； 3. 要做好文明生产工作，结束后做好清理板面、台面、地面，否则每项扣 5 分； 4. 损坏仪器仪表扣 10 分； 5. 损坏设备扣 10~99 分； 6. 出现人身事故扣 99 分			
学生签字：			合 计	100		
	年 月 日	教师签字	年 月 日			

3.4.4 知识检测

3.4.4.1 选择题

（1）开环控制系统是指被控对象的（   ）对控制器的输入没有影响。

A. 被控制量　　　　　B. 控制量　　　　　C. 电压　　　　　D. 电流

（2）闭环控制系统是指被控对象的输出会反送回来影响控制器的输入，形成一个或（   ）闭环。

A. 两个　　　　　B. 多个　　　　　C. 5 个　　　　　D. 10 个

（3）闭环控制系统有正反馈和（   ）。

A. 电压反馈　　　　B. 电流反馈　　　　C. 负反馈　　　　D. 速度反馈

（4）稳态误差是指系统的响应进入稳态后，系统的期望输出与（   ）之差。

A. 电压输出　　　　B. 实际输出　　　　C. 电流输出　　　　D. 功率输出

（5）控制系统的性能可以用（   ）三个字来描述。

A. 稳、准、狠　　　　B. 稳、精、快　　　　C. 平、准、快　　　　D. 稳、准、快

（6）比例控制器的输出与输入误差信号成（   ）关系。

A. 函数　　　　　B. 比例　　　　　C. 平方　　　　　D. 非线性

（7）自动控制系统在克服误差的调节过程中可能会出现（　　），甚至失稳。

A. 失调　　　　　　　B. 不稳定　　　　　　C. 变化　　　　　　D. 振荡

（8）在微分控制中，控制器的输出与输入误差信号的微分成（　　）关系。

A. 非线性　　　　　　B. 线性　　　　　　　C. 反比　　　　　　D. 正比

3.4.4.2　判断题

（1）开环控制系统中，依赖将被控量返送回来以形成任何闭环回路。　　　　（　　）

（2）若反馈信号与系统给定值信号相反，则称为正反馈。　　　　　　　　（　　）

（3）PID 控制器就是根据系统的误差，利用比例、积分、微分计算出控制量进行控制的。　　　　　　　　　　　　　　　　　　　　　　　　　　　　　　　（　　）

（4）当仅有积分控制时系统输出存在稳态误差。　　　　　　　　　　　　（　　）

（5）PD 控制器，可以使系统在进入稳态后无稳态误差。　　　　　　　　（　　）

（6）PI 控制器能改善系统在调节过程中的动态特性。　　　　　　　　　（　　）

3.4.4.3　简答题

（1）什么是闭环控制？

（2）如何消除稳态误差？

（3）如何改善系统在调节过程中的动态特性？

模块 4　货物升降机的维护及保养

任务 4.1　货物升降机实训考核装置

项目教学目标

知识目标：

（1）了解货物升降机的起源与发展。

（2）掌握货物升降机的组成。

（3）掌握货物升降机的分类与用途。

技能目标：

（1）能说出货物升降机的起源与发展。

（2）能写出货物升降机的各部件名称及作用。

（3）能写出货物升降机曳引传动的形式。

素质目标：

（1）具有团队协作精神。

（2）具有良好的职业道德和岗位责任感。

（3）具有良好的学习能力和动手能力。

知识目标

4.1.1　任务描述

由于经济的发展，货物升降机出现在越来越多人们的视野中，随之出现的就是货物升降机安全问题了。加之各种大型事故的报道使货物升降机这种特种设备变得越来越危险。其实对于从事该行业的人来说更怕出现问题，因为出现问题以后接踵而至的便是各种责任的承担。货物升降机使用的范围广，使用频率高，货物升降机运行的安全引起了人们的注意。分析货物升降机的基本结构及其运行原理有助于对货物升降机的认识，减少货物升降机运行过程中的风险。

4.1.1.1　任务分析

高楼大厦不断兴建，货物升降机的使用越来越频繁，了解货物升降机的结构及其工作方式才能避免在使用货物升降机过程中出现安全问题。货物升降机结构不同，种类繁多，但它却有共同之处，那就是都少不了三大部分：机械、电气和安全装置。分析货物升降机的基本结构及其运行原理具有现实意义。

4.1.1.2　任务材料清单

任务材料清单见表 4-1。

表 4-1 需要器材清单

名称	型号	数量	备注
货物升降机实训考核装置	YL-777 型	1 台	
多媒体		1 套	

4.1.2 知识链接一

4.1.2.1 认识货物升降机的整体结构

货物升降机是一种以电动机为动力的垂直升降机构，装有箱状吊舱，用于多层建筑乘人或者载运货物，服务于规定楼层间的固定式升降设备。也有台阶式，踏步板装在履带上连续运行，俗称自动货物升降机。日常生活中见到的货物升降机有两大类：一类为垂直货物升降机，指垂直或倾斜角≤15°的货物升降机；另一类是自动扶梯、自动人行道，指水平或微倾斜角用以输送乘客的货物升降机。

货物升降机种类如图 4-1 所示。

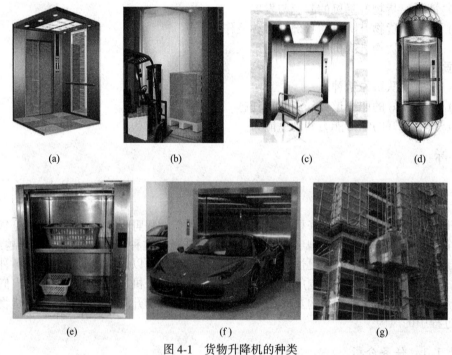

(a)　　　　　　(b)　　　　　　(c)　　　　　　(d)

(e)　　　　　　(f)　　　　　　(g)

图 4-1　货物升降机的种类

图 4-1（a）乘客货物升降机：为运送乘客而设计的货物升降机，要求有完善的安全设施以及一定的轿内装饰。应用范围最广泛。

图 4-1（b）载货货物升降机：通常有人随乘，主要为运送货物而设计的货物升降机。主要用于工厂和仓库。

图 4-1（c）医用货物升降机：为运送病床包括病人，担架，医用车而设计的货物升降机应用在医疗中心。

图 4-1（d）观光升降机：井道和轿厢壁至少有一侧透明，可观看景物的升降机。

图4-1（e）传菜升降机：传递菜使用的升降机，通常用于酒店。

图4-1（f）车辆升降机：用作运送车辆而设计的升降机，应用在立体停车设备中。

图4-1（g）其他类型升降机：除上述常用电梯外，还有特殊用途的升降机。譬如冷库升降机，建筑施工升降机，防爆升降机，矿井升降机，电站升降机，消防员用升降机，斜行升降机，核岛升降机等。

4.1.2.2 升降机的分类及用途

A 按用途分类

（1）乘客升降机：运送乘客的升降机。有完善的安全装置，轿厢一般都经过装潢，通风照明、报警设施完善。

（2）载货升降机：运送货物的升降机。有必要的安全装置，通常装卸人员随梯上下。轿厢有效面积和载重量较大，结构稳固。

（3）客货两用升降机：主要用来运送乘客，但也可运送货物。它与乘客升降机的区别在于轿厢内部装饰结构不同。

（4）病床升降机：医院专门运送病人、医疗器械。轿厢窄而深，运行平稳。

（5）住宅升降机：供住宅楼运送乘客，在合乎安全要求的情况下，也可运送家具等。

（6）服务升降机：供图书馆、办公楼饭店运送图书、文件、食品等。此类升降机轿厢有效面积小，人不能进入，载重量小。门外按钮操作，禁止载人。

（7）特种升降机：除上述六种一般用途升降机外，如观光升降机、船用升降机、冷库升降机、防爆升降机、户外升降机及自动扶梯、自动人行道等。

B 按速度分类

（1）低速升降机（$v \leqslant 1\text{m/s}$）。

（2）快速升降机（$1.0\text{m/s} < v \leqslant 2.0\text{m/s}$）。

（3）高速升降机（$2.0\text{m/s} < v \leqslant 3.0\text{m/s}$）。

（4）超高速升降机（$v > 3.0\text{m/s}$）。

C 按拖动方式分类

（1）交流升降机：

1）曳引电动机采用交流电动机。

2）单速电动机，速度一般不高于0.5m/s。

3）双速电动机AC2，速度一般不高于1m/s。

4）交流调压调速升降机ACVV，速度一般不高于1.75m/s。

5）交流调频调压调速升降机VVVF，广泛应用于各速度段。

（2）直流升降机：

1）曳引电动机采用直流电动机。

2）1988年起停止生产，目前已被交流调频调压调速升降机所取代。

（3）液压升降机。

（4）直线电机驱动升降机。

D 按驱动方式分类

（1）钢丝绳式。以钢丝绳来带动轿厢。分鼓轮式和曳引式。

（2）液压式。用油缸柱塞驱动轿厢。分直接柱塞式和侧柱式两种。

（3）齿轮齿条式。齿条固定在构架上，电动机—齿轮机构装在轿厢上，靠齿轮在齿条上的爬行来驱动轿厢。一般只用于建筑户外梯。

（4）螺旋式。通过丝杆旋转，使螺母和与它连接的轿厢升降。

E　按控制方式分

（1）手柄控制。操纵厢内的手柄来控制。

（2）按钮控制。轿厢内或厅门外按钮来控制。

（3）信号控制（XH）：厅外上、下呼梯信号、轿厢内指令信号及其他信号加以综合分析，司机只需按下启动按钮，升降机即可自动运行停靠的升降机，一般用于客梯或客货两用梯。

它是一种具有高度自动化控制方式的有司机管理升降机。在轿厢内司机需将要停站的楼层号按钮逐一按下，再按下起动按钮，这时升降机就自动关门运行。它将层站门外上下召唤信号、轿厢内选层信号加以综合分析判断，由司机操纵轿厢运行的控制。通常用于客梯或客货两用梯。

（4）集选控制（JX）：将各种信号加以综合分析，自动决定轿厢运行的无司机操纵的升降机。在司机状态下，转为信号控制。顺向截车，反向最远截车。下集选升降机：主要用于住宅升降机。

集选控制是一种全自动控制的升降机。它能够自动登记所有层站上的呼梯信号及轿厢内的选层信号，顺向应答，在登记层站停靠。若运行的前方不再有呼梯信号时轿厢就自动反方向运行，当无信号时就会自动返回基站关门待机的无司机控制升降机。

（5）并联控制（BL）：两、三台升降机共用厅外召唤信号，由控制系统自动调度升降机运行，当升降机无任务时，返回基站或区域中心，主要用于高层建筑中。

（6）群控智能控制升降机：由电脑控制系统根据召唤信号、轿厢位置、轿厢负载等自动选择最佳运行控制方式的群控升降机。

4.1.2.3　升降机的组成

A　升降机的型号

我国标准规定升降机型号的表示方法如下：

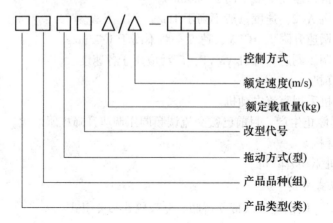

1986 年我国城乡建设环境保护部颁发的 JJ45—86《电梯、液压梯产品型号的编制方法》中，对电梯型号的编制方法做了如下规定。电梯、液压梯产品的型号由类、组、型、主参数和控制方式等三部分组成。第二、第三部分之间用短线分开。

第一部分是类、组、型和改型代号。类、组、型代号用具有代表意义的大写汉语拼音字母（字头）表示，产品的改型代号按顺序用小写汉语拼音字母表示，置于类、组、型代号的右下方。

第二部分是主参数代号，其左上方为升降机的额定载重量，右下方为额定速度，中间用斜线分开，均用阿拉伯数字表示。

第三部分是控制方式代号，用具有代表意义的大写汉语拼音字母表示。

说明：

（1）第一部分。第一个方格为产品类型，在升降机、液压梯产品中，取"梯"字拼音字头"T"，表示升降机、液压梯"梯"产品，见表 4-2。第二方格为产品品种代号，即升降机的用途。K 表示乘客升降机的"客"，H 为载货升降机的"货"，L 表示客货两用的"两"等，见表 4-3。

表 4-2　产品类型代码

乘客升降机	K
载货升降机	H
客货（两用）升降机	L
病床升降机	B
住宅升降机	Z
杂物升降机	W
船用升降机	C
观光升降机	G
汽车用升降机	Q

表 4-3　产品品种代码

升降机	T
液压梯	

第三方格为产品的拖动方式，指升降机动力驱动类型。当升降机的曳引电动机为交流电动机，则可称其为交流升降机，以 J 表示"交"。曳引电动机为直流电动机时，可称为直流升降机，以 Z 表示"直"。对于液压升降机用 Y 表示"液"，见表 4-4。

第四方格为改型代号，以小写字母表示，一般冠以拖动类型调速方式，以示区分。

表 4-4　拖动方式代码

交流	J
直流	Z
液压	Y

（2）第二部分。第一个三角表示升降机的额定载重量，单位为公斤（kg），为升降机的主参数。有400、800、1000、1250等。

第二个三角表示升降机的额定速度，单位为米/秒（m/s）。有0.5、0.63、0.75、1、1.5、2.5等。

（3）第三部分。表示控制方式，见表4-5。

表4-5 控制方式

控制方式	代号	控制方式	代号
手柄开关控制，电动门	SZ	信号控制	XH
手柄开关控制，手动门	SS	集选控制	JX
按钮控制，自动门	AZ	并联控制	BL
按钮控制，手动门	AS	梯群控制	QK

B 升降机产品型号示例

（1）TKJ 1000/1.6—JX。

表示：交流乘客升降机。额定载重量1000kg，额定速度1.6m/s，集选控制。

（2）TKZ 800/2.5—JXW。

表示：直流乘客升降机。额定载重量800kg，额定速度2.5m/s，微机组成的集选控制。

（3）THY 2000/0.63—AZ。

表示：液压货梯。额定载重量2000kg，额定速度0.63m/s，按钮控制自动门。

C 认知升降机的整体结构

升降机整体结构，如图4-2所示。

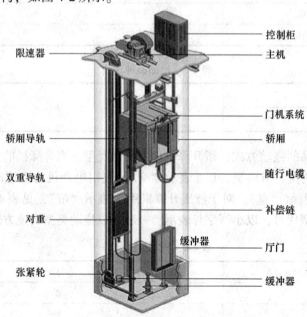

图4-2 升降机整体结构

从升降机各构件部分的功能上看，可分为 8 个部分为曳引系统、导向系统、轿厢系统、门系统、重量平衡系统、电力拖动系统、电气控制系统和安全保护系统。

（1）曳引系统。曳引系统的主要功能是输出与传递动力，使升降机运行。曳引系统主要由曳引钢丝绳，导向轮，反绳轮组成。

（2）导向系统。导向系统的主要功能是限制轿厢和对重的活动自由度，使轿厢和对重只能沿着导轨作升降运动。导向系统主要由导轨，导靴和导轨架组成。

（3）轿厢。轿厢是运送乘客和货物的升降机组件，是升降机的工作部分。轿厢由轿厢架和轿厢体组成。

（4）门系统。门系统的主要功能是封住层站入口和轿厢入口。门系统由轿厢门，层门，开门机，门锁装置组成。

（5）重量平衡系统。系统的主要功能是相对平衡轿厢重量，在升降机工作中能使轿厢与对重间的重量差保持在限额之内，保证升降机的曳引传动正常。系统主要由对重和重量补偿装置组成。

（6）电力拖动系统。电力拖动系统的功能是提供动力，实行升降机速度控制。电力拖动系统由曳引电动机，供电系统，速度反馈装置，电动机调速装置等组成。

（7）电气控制系统。电气控制系统的主要功能是对升降机的运行实行操纵和控制。电气控制系统主要由操纵装置，位置显示装置，控制屏（柜），平层装置，选层器等组成。

（8）安全保护系统。保证升降机安全使用，防止一切危及人身安全的事故发生。由限速器，安全钳，缓冲器，端站保护装置组成。

4.1.3　知识链接二

4.1.3.1　工艺要求及任务实施

（1）观察升降机机房里的主要部件，升降机井道里的主要部件，轿厢上的主要部件。
（2）观察升降机的传动结构。
（3）定位装置，轿箱与门机构，安全装置。

4.1.3.2　任务实施

A　机房

一般在升降机的最顶层都有一间用于安装有曳引系统等升降机部件的房间，习惯上称之为机房。机房主要由曳引系统、电力拖动系统及电气控制器组成，它是升降机的心脏和大脑。

a　曳引系统

曳引系统的主要功能是输出与传递动力，使升降机运行。曳引系统主要由曳引机，曳引钢丝绳，导向轮，反绳轮组成。

b　电力拖动系统

电力拖动系统的功能是提供动力，实行升降机速度控制。电力拖动系统由曳引电动机，供电系统，速度反馈装置，电动机调速装置等组成。

c 电气控制器

电气控制系统的主要功能是对升降机的运行实行操纵和控制。电气控制系统主要由操纵装置，位置显示装置，控制屏（柜），平层装置，选层器等组成。

B 井道

升降机轿箱上下运行的通道习惯上称之为升降机井，主要安装导向系统、轿厢、重量平衡系统、安全保护系统及电气定位装置，是升降机的身体。

a 导向系统

导向系统的主要功能是限制轿厢和对重的活动自由度，使轿厢和对重只能沿着导轨作升降运动。导向系统主要由导轨，导靴和导轨架组成。

b 轿厢

轿厢是运送乘客和货物的升降机组件，是升降机的工作部分。轿厢由轿厢架和轿厢体组成。

c 重量平衡系统

系统的主要功能是相对平衡轿厢重量，在升降机工作中能使轿厢与对重间的重量差保持在限额之内，保证升降机的曳引传动正常。系统主要由对重和重量补偿装置组成。

d 安全保护系统

保证升降机安全使用，防止一切危及人身安全的事故发生。由限速器，安全钳，缓冲器，端站保护装置组成。

e 电气定位装置

给电气控制装置提供机械定位信号，提高升降机的定位精度及抗干扰能力。由接近开关、行程开关等器件组成。

C 门厅

在各层等候升降机候梯区习惯上称之为门厅，主要安装呼叫面板及厅门，它是升降机的五官。

a 呼叫面板

收集各楼层的呼叫信号，指示升降机位置及升降机的运行情况。由呼叫按钮、楼层显示器等组成。

b 厅门

用于封闭各层站入口，防止人员掉入升降机井产生伤亡。主要由层门、门锁装置等组成。

4.1.3.3 升降机结构认识任务过程

训练评价表见表4-6。

表 4-6 训练评价表

序号	主要内容	考核要求	评分标准	配分	扣分	得分
1	认识机房	1. 能指出机房内相应的元件； 2. 说出机房内元件的作用	1. 不能指出元件名称，每个扣2分； 2. 不能说出元件作用，每个扣2分	35		

序号	主要内容	考核要求	评分标准	配分	扣分	得分
2	认识井道	1. 能指出机房内相应的元件； 2. 说出机房内元件的作用	1. 不能指出元件名称，每个扣 2 分； 2. 不能说出元件作用，每个扣 2 分	35		
3	认识门厅	1. 能指出机房内相应的元件； 2. 说出机房内元件的作用	1. 不能指出元件名称，每个扣 2 分； 2. 不能说出元件作用，每个扣 2 分	30		
4	安全文明	在操作过程中注意保护人身安全及设备安全（该项不配分）	1. 操作者要穿着和携带必需的劳保用品，否则扣 5 分； 2. 作业过程中要遵守安全操作规程，有违反者扣 5~10 分； 3. 要做好文明生产工作，结束后做好清理板面、台面、地面，否则每项扣 5 分； 4. 损坏仪器仪表扣 10 分； 5. 损坏设备扣 10~99 分； 6. 出现人身事故扣 99 分			
学生签字： 年　月　日			合计	100		
	教师签字			年　月　日		

4.1.4　知识检测

4.1.4.1　选择题

（1）升降机共有（　　）种方式分类。

A. 8　　　　　　　　　　B. 7　　　　　　　　　　C. 4　　　　　　　　　　D. 6

（2）速度为 1.75m/s 的升降机是（　　）升降机。

A. 低速　　　　　　　　B. 快速　　　　　　　　C. 高速　　　　　　　　D. 超高速

（3）升降机用途类型中"K"代表（　　）升降机。

A. 客梯　　　　　　　　B. 货梯　　　　　　　　C. 客货两用梯　　　　　D. 观光梯

（4）（　　）一般不允许人员进入轿厢。

A. 汽车升降机　　　　　B. 船用升降机　　　　　C. 杂物梯　　　　　　　D. 病床梯

（5）升降机机门上必须贴（　　）字样。

A. 机房重地　闲人免进　B. 危险勿近　　　　　　C. 小心有电　　　　　　D. 升降机间

（6）升降机机内设置了"为救援乘客"而张贴的（　　）字样。

A. 救援说明和升降机说明　　　　　　　　　　　B. 平层标记和升降机说明

C. 救援说明和平层标记　　　　　　　　　　　　D. 灭火说明和平层标记

（7）升降机机房内在显眼的地方必须有两种可手动操作曳引机的救援设备，分别是（　　）和（　　）。

A. 盘车轮　一字螺丝刀　　　　　　　　　　B. 灭火器　灭火铲

C. 活扳手　抱闸扳手　　　　　　　　　　　D. 盘车轮　抱闸扳手

（8）升降机机房内盘车轮颜色应为（　　　）。

A. 红色　　　　　　　B. 蓝色　　　　　　　C. 黄色　　　　　　D. 绿色

（9）升降机机房内抱闸扳手颜色应为（　　　）。

A. 红色　　　　　　　B. 蓝色　　　　　　　C. 黄色　　　　　　D. 绿色

（10）升降机机房限速器的主要作用是（　　　）。

A. 限制升降机运行速度，当升降机速度超过额定要求后限速器动作以机械形式带动安全钳或上行超速保护装置来制定轿厢

B. 控制与监测速度

C. 辅助升降机运行

D. 通过限速器的转动，带动钢丝绳来驱动升降机

（11）升降机曳引机主要作用是（　　　）。

A. 输出动力，以此驱动曳引轮旋转通过曳引绳来带动升降机运行

B. 输出动力，驱动限速器运转

C. 控制升降机速度

D. 控制升降机负载

（12）带有减速箱的曳引机一般称为（　　　）。

A. 无齿轮曳引机　　　　　　　　　　　　　B. 有齿轮曳引机

C. 永磁同步曳引机　　　　　　　　　　　　D. 双支撑式曳引机

（13）永磁同步电动机（　　　）是永磁的。

A. 表面　　　　　　　B. 线圈　　　　　　　C. 转子　　　　　　D. 定子

（14）升降机抱闸的安装位置在（　　　）。

A. 导向轮　　　　　　B. 轿顶　　　　　　　C. 曳引机　　　　　D. 地坑

（15）升降机抱闸又称为（　　　）。

A. 电动机　　　　　　B. 电磁制动器　　　　C. 减速机　　　　　D. 刹车系统

（16）升降机抱闸在松闸时，制动闸瓦与制动轮表面应为（　　　）mm。

A. ≥0.7　　　　　　　B. ≥0.6　　　　　　　C. ≤0.7　　　　　　D. ≤0.6

（17）制动闸瓦与制动轮的接触器面积要求不小于闸瓦面积的（　　　）。

A. 70%　　　　　　　B. 80%　　　　　　　C. 60%　　　　　　D. 50%

（18）（　　　）的作用是压紧制动闸瓦，产生制动力矩；当升降机轿厢有125%的额定载荷，以额定速度从井道上端向下运行，切断电源后应能使轿厢制停。

A. 制动弹簧　　　　　B. 盘车轮　　　　　　C. 抱闸扳手　　　　D. 电磁制动器

（19）旋转编码器安装在曳引机上，其主要作用为（　　　）。

A. 实时监测升降机速度　　　　　　　　　　B. 实时控制升降机速度

C. 实时测量载荷　　　　　　　　　　　　　D. 实时控制载荷

（20）升降机曳引轮的绳槽有三种，其中（　　　）摩擦力最强，但对钢绳损伤最快。

A. 半圆槽　　　　　　　　　　　　　　　　B. 带切口的半圆槽

C. 楔形槽

4.1.4.2　判断题

（1）在接触器上，常开点和常闭点的代号分别为 NC 和 NO。　　　　　　（　　）
（2）在继电器中，常开点和常闭点的数字代号分别为 13、14 和 21、22。　（　　）
（3）接触器和继电器的 A1 和 A2 为常闭点。　　　　　　　　　　　　　（　　）
（4）在电路中 AC 为直流电、DC 为交流电。　　　　　　　　　　　　　（　　）
（5）在电路中 U=电压，A=电流，R=电阻。　　　　　　　　　　　　（　　）
（6）在升降机井道里有足够照度的情况下，可以不设计井道照明灯。　　（　　）
（7）异步电动机带有减速箱，因为其转速高。　　　　　　　　　　　　　（　　）
（8）升降机不关门不可能由光幕或安全触板损坏造成。　　　　　　　　（　　）
（9）升降机机房内为防止火情灾害必须设置干粉灭火器。　　　　　　　（　　）
（10）升降机轿厢内没必要与外界产生通讯。　　　　　　　　　　　　　（　　）

4.1.4.3　简答题

（1）什么是对重装置，主要有几部分？
（2）请列举组成曳引升降机的基本结构？
（3）电动机功率从 15kW 改为 22kW，其他条件不变，控制柜中哪些元器件需更换容量？
（4）某公司需要加装一部升降机，最多载人数量为 13 人，总重量为 1000kg，最大运行速度为 1.5m/s，要求集选控制，请写出需要购买的升降机型号。

任务 4.2　升降机使用注意事项

项目教学目标

知识目标：
（1）掌握升降机正常工作条件。
（2）掌握乘坐升降机安全条件。
技能目标：
（1）能说出升降机安全运行条件。
（2）能正确应对升降机紧急情况的应急处理。
素质目标：
（1）具有团队协作精神。
（2）具有良好的职业道德和岗位责任感。
（3）具有良好的学习能力和动手能力。

知识目标

4.2.1　任务描述

升降机作为日常生活的重要组成部分，有垂直升降机和扶手升降机两种，它给乘客带来极大的便利，但是如果在使用过程中乘客不按照正确的方式使用，也可能带来很大的安全隐患，如何安全使用升降机，及遇到事故后如何处理才能最大程度将损失降低。

4.2.1.1　任务分析

这一任务中，我们通过讲解升降机使用的一些要求、升降机正常运行的必要条件、升降机使用注意事项和升降机紧急情况的应急处理措施来学习如何正确使用升降机，最大程度的保证乘客的人身安全和设备安全。

4.2.1.2　任务材料清单

任务材料清单见表 4-7。

表 4-7　需要器材清单

名称	型号	数量	备注
升降机实训考核装置	YL-777 型	1 台	
多媒体		1 套	

4.2.2　知识链接一

4.2.2.1　升降机使用总则

（1）为确保升降机安全运行，必须建立正确的维修保养制度，对升降机进行经常性的管理维护和检查，教学使用单位应设专职人员负责，即具有专业资格的人员负责；委托有资格的专门检修和保养升降机的单位维修保养。

（2）进行升降机维修保养和检查的教学指导专职人员，应有实际工作经验和熟悉维修、保养要求。

（3）维修人员应每周对升降机的主要安全设施和电气控制部分进行一次检查。使用三个月后，维修人员应对其较重要的机械电气设计进行细致的检查、调整和维修保养；当使用一年后，应组织有关人员进行一次技术检验，详细检查所有机械、电气、安全设施的情况，主要零部件的磨损程度，以及修配换装磨损超过允许值的及损坏零部件。

（4）一般应在三至五年中进行一次全面的拆卸清洗检查，使用单位应根据升降机新旧程度，使用频繁程度确定大修期限。

（5）专职教学指导教师必须熟悉掌握升降机使用特性，当升降机教学使用时，应有高度的责任心，爱护设备，注意安全防护。

（6）发现升降机有故障应立即停止使用，待专业维修人员修复并经仔细检查正常后方可使用。

（7）若升降机停止使用超过一周，必须先进行仔细检查和试运行后，方可使用。

（8）教学用升降机装置的用途仅限于教学用途，严禁乘人、载物；

（9）升降机的故障，检查的经过，维修的过程，维修人员应在升降机维修表中作详细记录。

（10）电源电压、频率、相序必须符合升降机技术资料的规定。

（11）升降机正常工作条件应符合如下规定：

1）电压波动必须在±7%范围内，电源频率波动必须在±2%范围内。

2）机房应当干燥，机房及井道应无灰尘及化学有害气体。

3）机房温度必须在+5～+40℃范围内。

4）海拔高度不超过 1000m。

（12）电气设备的一切金属外壳必须采取接地保护。

（13）升降机轿厢、层门、门套及召唤箱等外表面，应经常保持清洁，严防擦伤损坏装潢表面。

（14）照明电源应与控制线路分开敷设。

4.2.2.2　升降机使用注意事项

（1）火灾、地震发生时，严禁搭乘升降机。

（2）如遇雷雨、大风天气尽量不乘坐升降机，以免停电造成困人事故。

（3）严禁长时间阻挡升降机门，切忌一只脚在内一只脚在外停留，以免影响升降机运行，造成危险。

（4）乘坐升降机时请勿长时间揿动呼梯或轿厢内按钮或用尖、刺、硬物触按按钮。

（5）请注意升降机正确到达楼层位置后，升降机门完全开门，确认后方可走进（走出）轿厢。当升降机门快要关上时，不要强行冲进升降机、不要背靠厅轿门站立。进入升降机后不要背对轿门，以防止门打开时摔倒，并且不要退步出升降机。

（6）搭乘升降机时，请勿在轿厢内左右摇晃、嬉戏、跳动，以免影响升降机正常运转。

（7）禁止在乘厢内吸烟，保持升降机轿厢内清洁，以延长升降机的使用寿命。

（8）使用升降机时禁止携带易燃、易爆、腐蚀性、超长物品乘坐升降机，以及避免超重，以免造成危险。

（9）使用升降机搬运物品时，严禁利用棍棒等物品插入升降机大门等候，以免影响升降机结构，造成危险。

（10）搭乘升降机时老年人、残疾人、幼儿应当有健康成年人陪同。注意幼儿防止其双手触摸门板，以免升降机关门时造成夹伤。

（11）乘客发现升降机运行异常，应立即停止乘用并及时通知维保人员前来检查修理。

（12）升降机发生故障被关在轿厢内时，乘客应保持镇静，及时与升降机管理人员取得联络。并按下「紧急呼叫按钮」，等待专业人员处理，切勿强行撬开升降机轿门逃生，以免坠落。

（13）不得将自己的非机动车带入升降机内，以免影响升降机正常运转。

（14）保持升降机机房的清洁、干燥，并防止雨水渗入。

4.2.2.3　机房及井道管理

（1）机房应由维护检修人员管理，其他人员不得随意进入，机房门应加锁，并标有"机房重地　闲人免进"字样。

（2）机房内应保持整洁、干燥、无尘烟及腐蚀性气体，除检查维修所必须的简单工具外不应存放其他物品。

（3）当设有井道检修门时，则在检修门近旁应设有下列须知："升降机井道——危险，未经许可禁止入内"。

（4）井道内除规定的升降机设备外，不得存放杂物，敷设水管或管道等。

（5）升降机长期不使用时，应将机房的总电源开关断开。

（6）机房顶板设置的承重梁和吊钩上应标明最大允许载荷。

4.2.2.4　升降机紧急情况的应急处理措施

A　当火灾发生时

（1）消防中心值班保安员打开迫降开关，将升降机全部降至基站，消防升降机自动进入消防运行状态。

（2）升降机迫降后，组织疏导乘客离开轿厢。

（3）井道内或轿厢发生火灾时，应即刻停梯疏导乘客撤离，切断电源，用二氧化碳、干粉灭火器灭火。

B　当发生地震时

（1）根据震前预报由升降机管理员关闭所有升降机，地震过后开启时由专业升降机公司对升降机进行安全检测确认无异常后，方可运行。

（2）对于震级和烈度较大，震前又没有发出临震预报而突然发生的地震，很可能来不及采取措施。这种情况下，若一旦有震感应就近停梯。

（3）让乘客离开轿厢就近躲避。如被困在轿厢内则不要外逃，保持镇静待援。

C　升降机湿水处理

（1）当底坑内出现少量进水或渗水时，应将升降机停于或用手盘于两层以上。

（2）中止运行并切断电源，查出渗、漏水源，及时排水。

（3）当楼层发生水淹，应将轿厢停在顶层，断开电源，以防轿厢进水。

（4）当底坑井道或机房进水很多，应立即停梯，断开总电源开关，防止发生短路、触电等事故。

（5）升降机湿水后，由升降机公司进行技术处理，并提交相应报告。

D　升降机困人故障处理程序

（1）中控室值班人员接到被困升降机人员的求援电话或通过升降机闭路监控系统观察到升降机困人，或巡逻人员听到升降机警铃响时，首先应通过对讲机或喊话与被困人员取得联系，务必使其保持镇静，不要惊慌，静心等待救援人员的援救，告诉被困人员不可将身体任何部位伸出轿厢外。

（2）中控室值班人员立即用对讲机或电话通知工程维修部升降机工升降机困人情况，升降机工应立即携带故障梯机房钥匙和升降机层门专用三角钥匙赶到故障梯机房准备营救工作。

（3）根据升降机平层标志、楼层显示或打开层门观察判断轿厢所在位置。

（4）如果轿箱停于接近升降机厅门的位置，且高于或低于楼面不超过 0.5m 时：

1）关闭故障梯总电源。

2）用升降机专用三角钥匙打开层门。

3）用人力开启轿厢门（要慢、用力不要过大）。

4）协助乘客离开轿厢。

5）重新将层门关好（人在厅门外不能用手打开为止）。

（5）如果轿厢停于远离层门位置时，应先将轿厢移至接近层门的位置，然后救出乘客。移动轿厢的方法如下：

1）利用电话或其他方式，通知轿厢内的乘客保持镇静，并说明轿厢随时可能移动，不可将身体任何部位探出轿厢外，以免发生危险；同时如果轿厢门处于半开闭状态，则应先将其完全关闭。

2）进入机房，关闭故障梯总电源，确定一个人统一指挥。

3）拆下曳引机飞轮网罩，安装盘车轮，由两人手握盘车轮。

4）用手旋紧松闸扳手螺栓以固定松闸扳手，注意不要用扳手拧紧，否则会使升降机一直处于松闸状态。

5）由两人各执一个松闸扳手，往里压（或往外拉）对制动器进行松闸，在松闸的同时另外两人盘动盘车轮使轿厢缓慢移动直到平层标记处。先放开制动器将刹车恢复到制动状态，确认制动可靠后再放开盘车轮。

6）操作时应注意：不可仅松开刹车令轿厢自由移动，而应在松开刹车的同时手握盘车轮，并用人力盘绞。

7）遇到其他复杂情况，及时报告升降机维保单位处理。

救援工作完成后，工程维修部升降机工应尽快通知升降机维保单位前来处理，并将升降机困人处理经过记录在《事故报告》中。

4.2.3 知识链接二

4.2.3.1 工艺要求及任务实施

开展升降机应急救援训练：

（1）能正确判断轿厢位置；

（2）能正确手动盘车平层；

（3）能开门救援；

（4）进行后续处理。

4.2.3.2 任务实施

A 升降机（有机房、含蜗轮蜗杆、永磁同步主机）停电解困应急救援基本步骤及要点

a 接警处理

（1）在接到困人报修电话时，初步了解困人情况和升降机轿厢停靠的层站，并设法安慰被困乘客。

（2）救援人员（至少两人）赶到现场，在指定地方拿取升降机机房门钥匙和妨碍进入机房的其他门钥匙以及救援用的三角钥匙。

b 判断轿厢位置

（1）救援人员在 1 楼将厅门打开，根据对重位置或轿厢位置判断升降机在哪一楼层。

（2）救援人员迅速赶到升降机机房，用对讲通知轿厢内被困乘客不要惊慌，救援人员正在施救，不要靠近轿门，升降机移动时不要惊慌，不要强行撬门，等平层后将实现开门救助。

（3）切断主电源，在电源装置处挂告示牌。

（4）查看机房内曳引钢丝绳上楼层标志是否和平层标志一致，如一致则判断升降机停靠的楼层，不需要盘车直接前往指定楼层实施救援；如不一致则需手动至平层区。

钢丝绳标志查看方法：站在盘车位置以面向曳引钢丝绳从右边开始排序，1、2、3 依次排序。按照 8421 码的编码规则确定升降机的楼层数（8421 码的编码原则是第一位是 1、第二位是 2、第三位是 4、第四位是 8、第五位是 16）。确定楼层数时只要按每位代表的数值相加得到数量就是楼层数。例如：如果只有第一根涂有油漆，由于第一位表示 1 则表示升降机在 1F；只有第二根涂有油漆，第二位表示是 2 则表示升降机在 2F；第一根和第二根都涂有标志则是 1+2=3F；第一根和第三根则是 1+4=5F；第一、二、三根都有标志则1+2+4=7F，依此计算。

c 手动盘车平层

（1）一个人拆除电动机尾轴罩盖，安上旋柄（盘车手轮）并用手握住盘车手轮，另一个人把手动杠杆插入制动器安装板的矩形孔打开制动器。

（2）两人配合，在制动器打开之后，盘车人员按照省力原则盘动手轮，使升降机轿厢移动。

（3）判断曳引钢丝绳的标志和平层标志水平来判断升降机是否已经平层（注意读出轿厢所在楼层）。

（4）盘车结束后，将盘车旋柄（盘车手轮）取下，放置规定位置。

（5）通过看钢丝绳的标志确认升降机轿厢位置，救援人员离开机房时注意关好机房门并挂告示牌。

d 开门救援

（1）救援人员前往轿厢所处楼层，到达后在厅门外向被困人员喊话，以确认轿厢已到达该层，并再次告诫被困人员，不要将身体靠在轿门上。

（2）正确使用三角钥匙开启厅门，开启厅门前，先确认厅门口地面是否平整清洁，防止打滑摔倒，注意身体保持站稳，不要向前倾。使用三角钥匙时，必须严格按照"一慢、二看、三操作"（"一慢"：用三角钥匙开门时动作必须缓慢，开启的宽度不能太大，以 10cm 左右为准；"二看"：查看轿厢是否停在本层；"三操作"：当明确轿厢在本层时方可全部开启厅门，在使用三角钥匙时用力必须均匀，不得用力过猛，防止将厅门三角锁损坏）。

（3）协助乘客离开轿厢，当人员全部离开后，关闭轿门和厅门。

注：按《特种设备安全监察条例》的规定要求，从乘客被困到成功救出全部被困乘客应控制在 2h 内。

e 后续处理

（1）做好相关过程记录。

（2）通知保养单位对升降机进行全面检查，确认正常后方可使用升降机。

B　升降机（无机房）停电解困应急救援基本步骤及要点

a　接警处理

（1）在接到困人报修电话时，初步了解困人情况和升降机轿厢停靠的层站，并设法安慰被困乘客。

（2）救援人员（至少两人）赶到现场，在指定地方拿取升降机控制柜钥匙以及救援专用三角钥匙。

b　初步判断轿厢位置

救援人员首先在1楼将层门打开根据对重位置或轿厢位置判断升降机在哪一层。

救援人员迅速赶到升降机适当楼层，使用三角钥匙打开厅门，观察轿厢是否在此位置，如不在此位置则慢慢打开厅门，观察轿厢所处位置。根据目测，初步判断升降机轿厢所处楼层及位置（注意报出轿厢所在位置）。

c　判断轿厢位置

（1）救援人员迅速赶到升降机控制柜楼层，打开控制柜，用对讲通知轿厢内被困乘客不要惊慌，救援人员正在施救，不要靠近轿门，升降机移动时不要惊慌，不要强行撬门，等平层后将实现开门救助。

（2）切断升降机主电源，上电源锁并挂告示牌。

（3）根据升降机控制柜内门区绿色指示灯，判断升降机是否平层。若指示灯亮，说明升降机已平层；若指示灯未亮，则需要手动平层。

d　手动平层操作

（1）使用抱闸释放手柄打开抱闸。注意间接松闸，尽量减少冲击使轿厢保持平稳，避免轿内乘客惊慌，观察升降机轿厢是否移动。

（2）注意门区绿色指示灯亮时，表示轿厢已平层。

（3）升降机平层后，确认松闸扳手复位且升降机轿厢可靠停止（注意报出轿厢所在楼层）。

（4）用对讲通知轿厢内被困乘客马上将开门营救，锁闭控制柜；两人离开并挂告示牌。

4.2.3.3　升降机救援任务过程

训练评价表见表4-8。

表4-8　训练评价表

序号	主要内容	考核要求	评分标准	配分	扣分	得分
1	接警处理	1. 按时到达现场； 2. 准确拿到三角钥匙； 3. 及时了解情况及被困人员安抚	1. 无法在1h到达现场，扣2分； 2. 拿不到三角钥匙，扣2分； 3. 不了解情况开展救援或者不进行被困人员安抚，每个扣2分	10		

序号	主要内容	考核要求	评分标准	配分	扣分	得分
2	判断轿厢位置	1. 根据对重位置或轿厢位置准确判断升降机楼层； 2. 正确与被困人员进行救援沟通； 3. 正确切断电源	1. 不会判断升降机楼层，每次扣 5 分； 2. 判断楼层位置不准确，每次扣 2 分； 3. 没有进行沟通开展救援，扣 2 分； 4. 不切断电源开展救援，扣 3 分	40		
3	手动盘车平层	1. 正确拆除电动机尾轴罩盖； 2. 正确盘动手轮； 3. 正确读出轿厢所在楼层； 4. 正确放置工具； 5. 离开机房时能关好机房门并挂告示牌	1. 不能拆除电动机尾轴罩盖或拆除不正确，扣 3 分； 2. 不会盘动手轮，扣 2 分； 3. 不能读出轿厢所在楼层或者读不正确，扣 5 分； 4. 救援工具乱摆放，扣 2 分； 5. 离开机房不关门或者不挂告示牌，扣 2 分	20		
4	开门救援	1. 确认升降机到达楼层后展开救援； 2. 正确使用三角钥匙开启厅门； 3. 正确处理轿厢门	1. 升降机未到达楼层展开救援，扣 3 分； 2. 不会使用三角钥匙开启厅门，扣 2 分； 3. 救援完成不关闭轿厢门，扣 5 分	20		
5	后续处理	1. 做好相关过程记录； 2. 通知保养单位	1. 不做好相关记录，扣 5 分； 2. 救援结束不进行后续处理，扣 5 分	10		
6	安全文明	在操作过程中注意保护人身安全及设备安全（该项不配分）	1. 操作者要穿着和携带必需的劳保用品，否则扣 5 分； 2. 作业过程中要遵守安全操作规程，有违反者扣 5~10 分； 3. 要做好文明生产工作，结束后做好清理板面、台面、地面，否则每项扣 5 分； 4. 损坏仪器仪表扣 10 分； 5. 损坏设备扣 10~99 分； 6. 出现人身事故扣 99 分			
学生签字： 年　月　日			合计	100		
			教师签字 年　月　日			

4.2.4　知识检测

4.2.4.1　选择题

（1）维修人员应（　　）对升降机的主要安全设施和电气控制部分进行一次检查。

A. 每天　　　　　　B. 每周　　　　　　C. 每月　　　　　　D. 每年

（2）为确保升降机安全运行，教学使用单位应设（　　）负责。

A. 学生　　　　　B. 普通教师　　　　C. 流动人员　　　　D. 专职人员

（3）使用（　　）后，维修人员应对其较重要的机械电气设计进行细致的检查、调整和维修保养。

A. 一个月　　　　B. 三个月　　　　C. 五个月　　　　D. 六个月

（4）一般应在（　　）中进行一次全面的拆卸清洗检查。

A. 一至二年　　　B. 三至五年　　　C. 四至六年　　　D. 五至七年

（5）若升降机停止使用超过（　　），必须先进行仔细检查和试运行后，方可使用。

A. 一周　　　　　B. 两周　　　　　C. 一个月　　　　D. 两个月

（6）照明电源应与（　　）线路分开敷设。

A. 控制　　　　　B. 动力　　　　　C. 启动　　　　　D. 停止

（7）升降机长期不使用时，应将机房的（　　）断开。

A. 控制柜开关　　B. 总电源开关　　C. 升降机开关　　D. 以上都是

（8）乘客发现升降机运行异常，应立即停止（　　）并及时通知维保人员前来检查修理。

A. 启动　　　　　B. 电源　　　　　C. 乘用　　　　　D. 升降机

4.2.4.2　判断题

（1）发现升降机有故障可以继续使用。　　　　　　　　　　　　　　　（　　）

（2）教学用升降机装置可以乘人、载物。　　　　　　　　　　　　　　（　　）

（3）如遇雷雨、大风天气可以乘坐升降机。　　　　　　　　　　　　　（　　）

（4）乘客发现升降机运行异常，应立即拨打110。　　　　　　　　　　（　　）

（5）不得将自己的非机动车带入升降机内，以免影响升降机正常运转。　（　　）

4.2.4.3　简答题

（1）当火灾发生时的应急处理措施是什么？

（2）当发生地震时的应急处理措施是什么？

（3）升降机湿水时的应急处理措施是什么？

附录　FR-E700 变频器参数一览表

功能	参数	名称	设定范围	最小设定单位	初始值
基本功能	◎0	转矩提升	0～30%	0.1%	6/4/3% ＊1
	◎1	上限频率	0～120Hz	0.01Hz	120Hz
	◎2	下限频率	0～120Hz	0.01Hz	0Hz
	◎3	基准频率	0～400Hz	0.01Hz	50Hz
	◎4	多段速设定（高速）	0～400Hz	0.01Hz	50Hz
	◎5	多段速设定（中速）	0～400Hz	0.01Hz	30Hz
	◎6	多段速设定（低速）	0～400Hz	0.01Hz	10Hz
	◎7	加速时间	0～3600/360s	0.1/0.01s	5/10s ＊2
	◎8	减速时间	0～3600/360s	0.1/0.01s	5/10s ＊2
	◎9	电子过电流保护	0～500A	0.01A	变频器额定电流
直流制动	10	直流制动作频率	0～120Hz	0.01Hz	3Hz
	11	直流制动作时间	0～10s	0.1s	0.5s
	12	直流制动作电压	0～30%	0.1%	4% ＊3
—	13	启动频率	0～60Hz	0.01Hz	0.5Hz
—	14	适用负载选择	0～3	1	0
JOG 运行	15	点动频率	0～400Hz	0.01Hz	5Hz
	16	点动加减速时间	0～3600/360s	0.1/0.01s	0.5s
—	17	MRS 输入选择	0、2、4	1	0
—	18	高速上限频率	120～400Hz	0.01Hz	120Hz
—	19	基准频率电压	0～1000V、8888、9999	0.1V	9999
加减速时间	20	加减速基准频率	1～400Hz	0.01Hz	50Hz
	21	加减速时间单位	0、1	1	0
失速防止	22	失速防止动作水平	0～200%	0.1%	150%
	23	倍速时失速防止动作水平补偿系数	0～200%、9999	0.1%	9999
多段速度设定	24	多段速设定（4速）	0～400Hz、9999	0.01Hz	9999
	25	多段速设定（5速）	0～400Hz、9999	0.01Hz	9999
	26	多段速设定（6速）	0～400Hz、9999	0.01Hz	9999
	27	多段速设定（7速）	0～400Hz、9999	0.01Hz	9999
—	29	加减速曲线选择	0、1、2	1	0
—	30	再生制动功能选择	0、1、2	1	0

续表

功能	参数	名　称	设定范围	最小设定单位	初始值
频率跳变	31	频率跳变1A	0~400Hz、9999	0.01Hz	9999
	32	频率跳变1B	0~400Hz、9999	0.01Hz	9999
	33	频率跳变2A	0~400Hz、9999	0.01Hz	9999
	34	频率跳变2B	0~400Hz、9999	0.01Hz	9999
	35	频率跳变3A	0~400Hz、9999	0.01Hz	9999
	36	频率跳变3B	0~400Hz、9999	0.01Hz	9999
—	37	转速显示	0、0.01~9998	0.001	0
—	40	RUN键旋转方向选择	0、1	1	0
频率检测	41	频率到达动作范围	0~100%	0.1%	10%
	42	输出频率检测	0~400Hz	0.01Hz	6Hz
	43	反转时输出频率检测	0~400Hz、9999	0.01Hz	9999
第2功能	44	第2加减速时间	0~3600/360s	0.1/0.01s	5/10s＊2
	45	第2减速时间	0~3600/360s、9999	0.1/0.01s	9999
	46	第2转矩提升	0~30%、9999	0.1%	9999
	47	第2V/F（基准频率）	0~400Hz、9999	0.01Hz	9999
	48	第2失速防止动作水平	0~200%、9999	0.1%	9999
	51	第2电子过电流保护	0~500A、9999	0.01A	9999
监视器功能	52	DU/PU主显示数据选择	0、5、7~12、14、20、23~25、52~57、61、62、100	1	0
	55	频率监视基准	0~400Hz	0.01Hz	50Hz
	56	电流监视基准	0~500A	0.01A	变频器额定电流
再启动	57	再启动自由运行时间	0、0.1~5s、9999	0.1s	9999
	58	再启动上升时间	0~60s	0.1s	1s
—	59	遥控功能选择	0、1、2、3	1	0
—	60	节能控制选择	0、9	1	0
自动加减速	61	基准电流	0~500A、9999	0.01A	9999
	62	加速时基准值	0~200%、9999	1%	9999
	63	减速时基准值	0~200%、9999	1%	9999
—	65	再试选择	0~5	1	0
—	66	失速防止动作水平降低开始频率	0~400Hz	0.01Hz	50Hz
再试	67	报警发生时再试次数	0~10、101~110	1	0
	68	再试等待时间	0.1~360s	0.1s	1s
	69	再试次数显示和消除	0	1	0

功能	参数	名　称	设定范围	最小设定单位	初始值
—	70	特殊再生制动使用率	0~30%	0.1%	0
—	71	适用电机	0、1、3~6、13~16、23、24、40、43、44、50、53、54	1	0
—	72	PWM 频率选择	0~15	1	1
—	73	模拟量输入选择	0、1、10、11	1	1
—	74	输入滤波时间常数	0~8	1	1
—	75	复位选择/PU 脱离检测/PU 停止选择	0~3、14~17	1	14
—	77	参数写入选择	0、1、2	1	0
—	78	反转防止选择	0、1、2	1	0
—	◎79	运行模式选择	0、1、2、3、4、6、7	1	0
电机常数	80	电机容量	0.1~15kW、9999	0.01kW	9999
	81	电机极数	2、4、6、8、10、9999	1	9999
	82	电机励磁电流	0~500A（0~****）、9999*5	0.01A（1）*5	9999
	83	电机额定电压	0~1000V	0.1V	400V
	84	电机额定频率	10~120Hz	0.01Hz	50Hz
	89	速度控制增益（磁通矢量）	0~200%、9999	0.1%	9999
	90	电机常数（R1）	0~50Ω（0~****）、9999*5	0.001Ω（1）*5	9999
	91	电机常数（R2）	0~50Ω（0~****）、9999*5	0.001Ω（1）*5	9999
	92	电机常数（L1）	0~1000mH（0~50Ω、0~****）、9999*5	0.1mH（0.001Ω、1）*5	9999
	93	电机常数（L2）	0~1000mH（0~50Ω、0~****）、9999*5	0.1mH（0.001Ω、1）*5	9999
	94	电机常数（X）	0~100%（0~500Ω、0~****）、9999*5	0.1%（0.01Ω、1）*5	9999
	96	自动调谐设定/状态	0、1、11、21	1	0
PU 接口通信	117	PU 通信站号	0~31（0~247）	1	0
	118	PU 通信速率	48、96、192、384	1	192
	119	PU 通信停止位长	0、1、10、11	1	1
	120	PU 通信奇偶校验	0、1、2	1	2
	121	PU 通信再试次数	0~10、9999	1	1
	122	PU 通信校验时间间隔	0、0.1~999.8s、9999	0.1s	0
	123	PU 通信等待时间设定	0~150ms、9999	1	9999
	124	PU 通信有无 CR/LF 选择	0、1、2	1	1

续表

功能	参数	名　称	设定范围	最小设定单位	初始值
—	◎125	端子2频率设定增益频率	0~400Hz	0.01Hz	50Hz
—	◎126	端子4频率设定增益频率	0~400Hz	0.01Hz	50Hz
PID运行	127	PID控制自动切换频率	0~400Hz、9999	0.01Hz	9999
	128	PID动作选择	0、20、21、40~43、50、51、60、61	1	0
	129	PID比例带	0.1%~1000%、9999	0.1%	100%
	130	PID积分时间	0.1~3600s、9999	0.1s	1s
	131	PID上限	0~100%、9999	0.1%	9999
	132	PID下限	0~100%、9999	0.1%	9999
	133	PID动作目标值	0~100%、9999	0.01%	9999
	134	PID微分时间	0.01~10.00s、9999	0.01s	9999
PU	145	PU显示语言切换	0~7	1	1
—	146	生产厂家设定用参数，请不要设定			
—	147	加减速时间切换频率	0~400Hz、9999	0.01Hz	9999
电流检测	150	输出电流检测水平	0~200%	0.1%	150%
	151	输出电流检测信号延迟时间	0~10s	0.1s	0s
	152	零电流检测水平	0~200%	0.1%	5%
	153	零电流检测时间	0~1s	0.01s	0.5s
—	156	失速防止动作选择	0~31、100、101	1	0
—	157	OL信号输出延时	0~25s、9999	0.1s	0s
—	158	AM端子功能选择	1~3、5、7~12、14、21、24、52、53、61、62	1	1
—	◎160	用户参数组读取选择	0、1、9999	1	0
—	161	频率设定/键盘锁定操作选择	0、1、10、11	1	0
再启动	162	瞬时停电再启动动作选择	0、1、10、11	1	1
	165	再启动失速防止动作水平	0~200%	0.1%	150%
—	168	生产厂家设定用参数，请不要设定			
—	169				
累计监视值清零	170	累计电度表清零	0、10、9999	1	9999
	171	实际运行时间清零	0、9999	1	9999
用户参数组	172	用户参数组注册数显示/一次性删除	9999、（0~16）	1	0
	173	用户参数注册	0~999、9999	1	9999
	174	用户参数删除	0~999、9999	1	9999

续表

功能	参数	名　称	设定范围	最小设定单位	初始值
输入端子功能分配	178	STF 端子功能选择	0~5、7、8、10、12、14~16、18、24、25、60、62、65~67、9999	1	60
	179	STR 端子功能选择	0~5、7、8、10、12、14~16、18、24、25、61、62、65~67、9999	1	61
	180	RL 端子功能选择	0~5、7、8、10、12、14~16、18、24、25、62、65~67、9999	1	0
	181	RM 端子功能选择		1	1
	182	RH 端子功能选择		1	2
	183	MRS 端子功能选择		1	24
	184	RES 端子功能选择		1	62
输出端子功能分配	190	RUN 端子功能选择	0、1、3、4、7、8、11~16、20、25、26、46、47、64、90、91、93、95、96、98、99、100、101、103、104、107、108、111~116、120、125、126、146、147、164、190、191、193、195、196、198、199、9999	1	0
	191	FU 端子功能选择		1	4
	192	ABC 端子功能选择	0、1、3、4、7、8、11~16、20、25、26、46、47、64、90、91、95、96、98、99、100、101、103、104、107、108、111~116、120、125、126、146、147、164、190、191、195、196、198、199、9999	1	99
多段速度设定	232	多段速设定（8 速）	0~400Hz、9999	0.01Hz	9999
	233	多段速设定（9 速）	0~400Hz、9999	0.01Hz	9999
	234	多段速设定（10 速）	0~400Hz、9999	0.01Hz	9999
	235	多段速设定（11 速）	0~400Hz、9999	0.01Hz	9999
	236	多段速设定（12 速）	0~400Hz、9999	0.01Hz	9999
	237	多段速设定（13 速）	0~400Hz、9999	0.01Hz	9999
	238	多段速设定（14 速）	0~400Hz、9999	0.01Hz	9999
	239	多段速设定（15 速）	0~400Hz、9999	0.01Hz	9999
—	240	Soft-PWM 动作选择	0、1	1	1
—	241	模拟输入显示单位切换	0、1	1	0
—	244	冷却风扇的动作选择	0、1	1	1
转差补偿	245	额定转差	0~50%、9999	0.01%	9999
	246	转差补偿时间常数	0.01~10s	0.01s	0.5s
	247	恒功率区域转差补偿选择	0、9999	1	9999

续表

功能	参数	名　称	设定范围	最小设定单位	初始值
—	249	启动时接地检测的有无	0、1	1	1
—	250	停止选择	0~100s、1000~1100s、8888、9999	0.1s	9999
—	251	输出缺相保护选择	0、1	1	1
寿命诊断	255	寿命报警状态显示	(0~15)	1	0
	256	浪涌电流抑制电路寿命显示	(0~100%)	1%	100%
	257	控制电路电容器寿命显示	(0~100%)	1%	100%
	258	主电路电容器寿命显示	(0~100%)	1%	100%
	259	测定主电路电容器寿命	0、1 (2、3、8、9)	1	0
掉电停止	261	掉电停止方式选择	0、1、2	1	0
—	267	端子4输入选择	0、1、2	1	0
—	268	监视器小数位数选择	0、1、9999	1	9999
—	269	厂家设定用参数，请勿自行设定			
—	270	挡块定位控制选择	0、1	1	0
挡块定位控制	275	挡块定位励磁电流低速倍速	0~300%、9999	0.1%	9999
	276	挡块定位时PWM载波频率	0~9、9999	1	9999
—	277	失速防止电流切换	0、1	1	0
制动顺控功能	278	制动开启频率	0~30Hz	0.01Hz	3Hz
	279	制动开启电流	0~200%	0.1%	130%
	280	制动开启电流检测时间	0~2s	0.1s	0.3s
	281	制动操作开始时间	0~5s	0.1s	0.3s
	282	制动操作频率	0~30Hz	0.01Hz	6Hz
	283	制动操作停止时间	0~5s	0.1s	0.3s
固定偏差控制	286	增益偏差	0~100%	0.1%	0
	287	滤波器偏差时定值	0~1s	0.01s	0.3s
	292	自动加减速	0、1、7、8、11	1	0
—	293	加速减速个别动作选择模式	0~2	1	0
—	295	频率变化量设定	0、0.01、0.10、1.00、10.00	0.01	0
—	298	频率搜索增益	0~32767、9999	1	9999
—	299	再启动时的旋转方向检测选择	0、1、9999	1	0

续表

功能	参数	名　称	设定范围	最小设定单位	初始值
数字输入	300	BCD 输入偏置	0~400Hz	0.01Hz	0
	301	BCD 输入增益	0~400Hz、9999	0.01Hz	50
	302	BIN 输入偏置	0~400Hz	0.01Hz	0
	303	BIN 输入增益	0~400Hz、9999	0.01Hz	50
	304	数字输入及模拟量输入补偿选择	0、1、10、11、9999	1	9999
	305	读取时钟动作选择	0、1、10	1	0
模拟量输出	306	模拟量输出信号选择	1~3、5、7~12、14、21、24、52、53	1	2
	307	模拟量输出零时设定	0~100%	0.1%	0
	308	模拟量输出最大时设定	0~100%	0.1%	100
	309	模拟量输出信号电压/电流切换	0、1、10、11	1	0
	310	模拟量仪表电压输出选择	1~3、5、7~12、14、21、24、52、53	1	2
	311	模拟量仪表电压输出零时设定	0~100%	0.1%	0
	312	模拟量仪表电压输出最大时设定	0~100%	0.1%	100
数字输出	313	D00 输出选择	0、1、3、4、7、8、11~16、20、25、26、46、47、64、90、91、93、95、96、98、99、100、101、103、104、107、108、111~116、120、125、126、146、147、164、190、191、193、195、196、198、199、9999	1	9999
	314	D01 输出选择		1	9999
	315	D02 输出选择		1	9999
	316	D03 输出选择		1	9999
	317	D04 输出选择		1	9999
	318	D05 输出选择		1	9999
	319	D06 输出选择		1	9999
继电器输出	320	RA1 输出选择	0、1、3、4、7、8、11~16、20、25、26、46、47、64、90、91、95、96、98、99、9999	1	0
	321	RA2 输出选择		1	1
	322	RA3 输出选择		1	4
模拟量输出	323	AM0 0V 调整	900%~1100%	1%	1000
	324	AM1 0mA 调整	900%~1100%	1%	1000
—	329	数字输入单位选择	0、1、2、3	1	1
RS-485 通信	338	通信运行指令权	0、1	1	0
	339	通信速率指令权	0、1、2	1	0
	340	通信启动模式选择	0、1、10	1	0
	342	通信 EEPROM 写入选择	0、1	1	0
	343	通信错误计数	—	1	0

续表

功能	参数	名　称	设定范围	最小设定单位	初始值
DeviceNet	345	DeviceNet 地址	0~4095	1	63
	346	DeviceNet 波特率	0~4095	1	132
—	349	通信复位指令	0、1	1	0
LON-WORKS 通信	387	初始通信延迟时间	0~120s	0.1s	0s
	388	节拍时发送间隔	0~999.8s	0.1s	0s
	389	节拍时最小发送时间	0~999.8s	0.1s	0.5s
	390	设定基准频率	1~400s	0.01Hz	50Hz
	391	节拍时接收间隔	0~999.8s	0.1s	0s
	392	事件驱动检测范围	0.00~163.83%	0.01%	0
第2电机常数	450	第2适用电机	0、1、9999	1	9999
远程输出	495	远程输出选择	0、1、10、11	1	0
	496	远程输出内容1	0~4095	1	0
	497	远程输出内容2	0~4095	1	0
通信错误	500	通信异常执行等待时间	0~999.8s	0.1s	0
	501	通信异常发生次数显示	0	1	0
—	502	通信异常时停止模式选择	0、1、2、3	1	0
维护	503	维护定时器	0（1~9998）	1	0
	504	维护定时器报警输出设定时间	0~9998、9999	1	9999
CC-Link	541	频率指令符合选择（CC-Link）	0、1	1	0
	542	通信站号（CC-Link）	1~64	1	1
	543	波特率选择（CC-Link）	0~4	1	0
	544	CC-Link 扩展设定	0、1、12、14、18	1	0
USB	547	USB 通信站号	0~31	1	0
	548	USB 通信检查时间间隔	0~999.8s、9999	0.1s	9999
通信	549	协议选择	0、1	1	0
	550	网络模式操作权选择	0、2、9999	1	9999
	551	PU 模式操作权选择	2~4、9999	1	9999
电流平均值监视器	555	电流平均时间	0.1~1.0s	0.1s	1s
	556	数据输出屏蔽时间	0.0~20.0s	0.1s	0s
	557	电流平均值监视信号基准输出电流	0~500A	0.01A	变频器额定电流
—	563	累计通电时间次数	（0~65535）	1	0

续表

功能	参数	名　称	设定范围	最小设定单位	初始值
—	564	累计运转时间次数	(0~65535)	1	0
—	571	启动时维持时间	0.0~10.0s、9999	0.1s	9999
—	611	再启动时加速时间	0~3600s、9999	0.1s	9999
—	645	AM 0V 调整	970~1200	1	1000
—	653	速度滤波控制	0~200%	0.1%	0
—	665	再生回避频率增益	0~200%	0.1%	100
—	800	控制方法选择	20、30	1	20
—	859	转矩电流	0~500A（0~ ****）、9999 * 7	0.01A（1）* 7	9999
保护功能	872	输入缺相保护选择	0、1	1	1
再生回避功能	882	再生回避动作选择	0、1、2	1	0
	883	再生回避动作水平	300~800V	0.1V	DC780V
	885	再生回避补偿频率限制值	0~10Hz、9999	0.01Hz	6Hz
	886	再生回避电压增益	0~200%	0.1%	100%
自由参数	888	自由参数1	0~9999	1	9999
	889	自由参数2	0~9999	1	9999
校正参数	C1（901）* 6	AM 端子校正	—	—	—
	C2（902）* 6	端子2频率设定偏置频率	0~400Hz	0.01Hz	0Hz
	C3（902）* 6	端子2频率设定偏置	0~300%	0.1%	0
	125（903）* 6	端子2频率设定增益频率	0~400Hz	0.01Hz	50Hz
	C4（903）* 6	端子2频率设定增益	0~300%	0.1%	100%
	C5（904）* 6	端子4频率设定偏置频率	0~400Hz	0.01Hz	0Hz
	C6（904）* 6	端子4频率设定偏置	0~300%	0.1%	20%
	126（905）* 6	端子4频率设定增益频率	0~400Hz	0.01Hz	50Hz
	C7（905）* 6	端子4频率设定增益	0~300%	0.1%	100%
	C22~C25（922、923）	生产厂家设定用参数，请不要设定			

功能	参数	名　称	设定范围	最小设定单位	初始值
PU	990	PU 蜂鸣器音控制	0、1	1	1
	991	PU 对比度调整	0~63	1	58
清除参数初始值变更清单	Pr. CL	清除参数	0、1	1	0
	ALLC	参数全部清除	0、1	1	0
	Er. CL	清除报警历史	0、1	1	0
	Pr. CH	初始值变更清单	—	—	—

参 考 文 献

［1］袁晓东. 机电设备安装与维护［M］.2 版. 北京：北京理工大学出版社，2015.

［2］张柏清，林万云. 陶瓷工业机械设备［M］.2 版. 北京：中国轻工出版社，2013.

［3］吴先文. 机械设备维修技术［M］.3 版. 北京：人民邮电出版社，2014.

［4］徐刚涛，张建国. 机械设计基础［M］.2 版. 北京：高等教育出版社，2017.

［5］周克媛. 机械基础［M］.3 版. 北京：人民邮电出版社，2017.

［6］廖传华，朱廷风，王妍. 工业过程设备维护与检修［M］. 北京：化学工业出版社，2018.